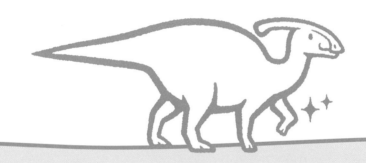

1週間で

MySQL

の基礎が学べる本

亀田 健司 著

JN032639

インプレス

ダウンロードの案内

本書に掲載しているソースコードはダウンロードすることができます。パソコンの WEB ブラウザで下記 URL にアクセスし、「●ダウンロード」の項目から入手してください。

https://book.impress.co.jp/books/1120101175

学習を始める前に

● データベースは幅広く利用されている

　本書は、メジャーなオープンソースのデータベースである「MySQL（マイエスキュー
エル）」を題材にした入門書です。今までこの『1週間で基礎が学べる本』のシリー
ズでは、C/C++、C#、Python などのプログラミング言語を扱ってきましたが、プロ
グラミング言語以外のものを題材とするのは、初めての試みになります。

　つい最近まで、MySQL をはじめとするデータベースシステムは、データベース管
理者やデータベースを活用するエンジニアたちだけが使用するもの、というのが相
場でした。しかし、近年は IoT の発展、ビッグデータ解析や AI の進歩、さらには DX
の推進により、データサイエンティストや非エンジニアの一般会社員など、従来の IT
エンジニア以外の人たちもデータベースを使用するようになってきました。

● 本書を手に取ってほしい方

　本書は、できる限り、IT の専門家ではない人でも読めることを目指して執筆しまし
た。ですから、最初は敷居を下げるために、コンピュータのデータの扱い方など、IT
の専門家から見れば、一見まどろっこしく見える基礎的な概念の説明からはじめてい
ます。なお、筆者としては「頭を使って何かを考えたりするのが好きな、知的好奇心
が強い一般の人」にも本書を読んでいただきたいと考えています。

　私はときどき、仕事の間で立ち寄ったファミリーレストランや、カフェ、そのほか
の場所で、数独やクロスワードパズルなどを楽しむ方をよく見かけます。実はそういっ
た方にも、データベースはとても楽しいのではないかと考えています。実際、私が過
去に執筆した『1週間で基礎が学べる本』シリーズも、おそらく IT とは無関係では
あるものの、知的好奇心の強い方々が、一種の「脳トレ」のように読まれているケー
スがあるようです。本書はそういった方々にも、知的なホビーの一種として楽しんで
いただける1冊になると思います。もちろん従来どおり、IT エンジニアや学生など
が MySQL の入門書として活用していただければ、嬉しく思います。

● 本書の活用方法

　本書は、限られたページの中で、MySQL をとおしてデータベースの使い方だけではなく、最終的にはデータベースの設計方法までを、ひととおりできるようにしてあります。そのため、ほかのデータベースの専門書では当然のように触れている事項も、思い切って割愛しました。

　データベースの専門家の方々からは「あのことについて言及すべきなのでは？」「ここについてはもう少し詳しく説明をほうがよいのでは？」とお叱りを受けるかもしれません。

　しかし、本書のみならず、この『1 週間で基礎が学べる本』シリーズでは、一貫して「これだけのことがわかっていれば、あとは自分でなんとかできる」というレベルの知識や情報、練習問題を提供することをポリシーとしています。そのため、読んでいて、そのような思いを抱いた方がいらっしゃったら、ぜひご自分の力で、Web サイトやほかの書籍を参照するなどして調べてみてください。

　本書を読み終わると、今まで分厚くて読む気になれなかった専門書も、ちんぷんかんぷんだった Web の解説も、すっと頭に入ってくることでしょう。そして、それはきっと楽しい知的なチャレンジになると思います。そのために、本書はぜひ繰り返し読んでほしいと思います。読み方としては次のようなスタンスをおすすめします。

◎ 1回目：

　全体を日程どおりに 1 週間でざっと読んでみて、MySQL で実行する SQL クエリの基本文法と用語の基礎を理解する。難しいところは読み飛ばして、流れをつかむ。

◎ 2回目：

　復習を兼ねて、冒頭から問題を解くことを中心として読み進める。その過程で、理解が不十分だったところを理解できるようにする。

◎ 3回目：

　★マーク 2 つ以上の上級問題を解いていき、SQL クエリを作る実力を付けていく。わからない場合は解説をじっくり読み、何度もチャレンジする。

　このやり方をしっかりとやれば、MySQL の高度な技術が着実に身に付いていくことでしょう。

　そして、本書による学習が深まっていくと、本書では物足りないと思う方も出てくることでしょう。それは、データベース設計、ビッグデータ処理など、さまざまな応用分野を貪欲に学んでいく下地ができたことの証です！　臆せず、そういったことにもチャレンジしてみてください！

本書の使い方

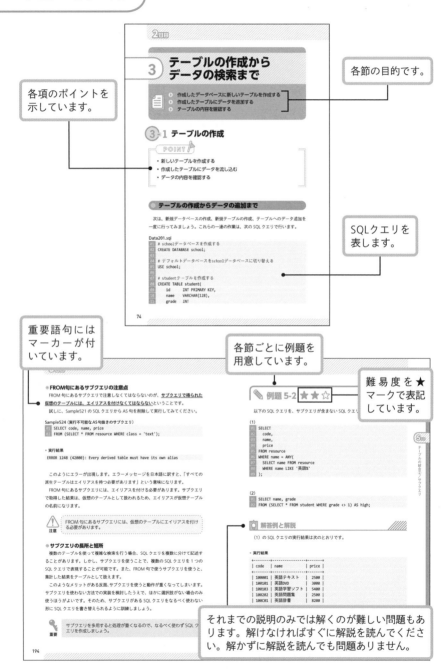

各項のポイントを示しています。

各節の目的です。

SQLクエリを表します。

重要語句にはマーカーが付いています。

各節ごとに例題を用意しています。

難易度を★マークで表記しています。

それまでの説明のみでは解くのが難しい問題もあります。解けなければすぐに解説を読んでください。解かずに解説を読んでも問題ありません。

目次

1日目 MySQL とは何か　9

2日目 MySQL の基本操作　43

3日目 SELECT 文　85

1 日目

MySQL とは何か

データベースの基礎知識

- データベースとは何かを理解する
- RDBMS と SQL の関係性について理解する
- MySQL とはどのようなデータベースなのかを理解する

 **データベースとは何か**

> **POINT**
>
> - データベースとは何かを理解する
> - RDB の概念について理解する

● データベースの基本的な仕組み

MySQL について説明する前に、データベースの仕組みについて説明しましょう。データベースには「データの集合体」という意味があり、住所録や成績表などもデータベースであるといえます。コンピュータの世界では、データを保存、整理、検索できるシステム（仕組み）のことをデータベースといいます。

コンピュータの世界でデータを管理する方法はいくつかあるのですが、一般的にデータベースといえば<u>RDB（Relational Database：リレーショナルデータベース）</u>のことを指します。では、RDB とは一体どのようなものなのでしょうか？

● RDB

RDB とは、データに**関連性（リレーション）**を持たせて管理するデータベースのことです。RDB では、すべてのデータを**テーブル**と呼ばれる表で表現します。テーブルは**列（カラム）**と**行（レコード）**で構成され、レコードの各要素のことを**フィールド**といいます。

- RDBのテーブル構造

表（テーブル）　　　　　　　　　　　　列（カラム）

社員番号	社員名	部門番号	入社年
1010	山田	4	2001
1011	林	5	2005
1012	東	3	2012
1013	太田	5	2018

行（レコード）→

↑
フィールド

用語

テーブル
データを格納する表
カラム
テーブルの列
レコード
テーブルの行
フィールド
テーブルの要素

SQL

データベースにデータを保存したり、データを検索したりするような操作を行うには、<u>SQL（Structured Query Language）</u>というデータベース言語を使います。多くのデータベースが、SQL を使って操作する仕組みになっています。

用語

SQL（Structured Query Language）
RDB の操作を行うためのデータベース言語

● SQLの歴史

SQL の原型は 1970 年代に米国の IBM 社によって開発された SEQUEL（シーケル）です。SEQUEL は「Structured English Query Language」の略であり、E.F.Codd（エドガー・フランク・コッド）氏が提唱したリレーショナル型データベースモデルを使

用するために開発されました。

　SQL という名前に変わったのは SEQUEL2 へとバージョンアップした 1976 年のことで、名前を変えた理由は、SEQUEL2 という名前が他社の商標登録済み製品であったためといわれています。SQL は操作性が非常に優れていると高い評価を得て、RDB を操作するための標準言語となりました。

　1986 年になると、ISO（国際標準化機構）や ANSI（米国国家規格協会）によって SQL 規格の標準化が発表され、急速に普及しました。

　なお、ISO では「SQL という名称は何の略でもない」とされています。

● RDBMS

　RDBMS（Relational DataBase Management System）とは、RDB を管理するための専用のソフトウェアのことです。

　RDBMS には、データの作成（Create）、読み出し（Read）、更新（Update）、削除（Delete）の 4 つの基本機能があり、それぞれの頭文字を取って CRUD（クラッド）といいます。

　現在、主流な RDBMS の種類は次の表のとおりです。これらはいずれも、SQL で操作します。

● 主要なRDBMS一覧

名前	特徴
Oracle	Oracle社のRDBMS。商用で高いシェアを誇る
MySQL	Oracle社のオープンソースのRDBMS。手軽に使えることで高い支持を得ている
MariaDB	MySQLの派生として開発されているオープンソースのRDBMS
PostgreSQL	Webシステムを中心に使用されているオープンソースのRDBMS
SQL Server	Microsoft社の製品。ASPなどのシステムで用いられる
Access	Microsoft社のOfficeアプリケーションの1つ
SQLite	Androidなどで用いられるRDBの簡易版

◉ RDBMSによってSQLは異なる

SQL は ISO や ANSI などといった団体によって規格化されており、異なる RDBMS 上でも同じように使用できます。しかし、RDBMS によっては SQL に独自の拡張を加えています。

本書では基本的に MySQL 独自の拡張はできるだけ使用せず、共通で使用できる SQL の記述方法でデータベースの学習を進めます。

注意

> SQL は RDBMS によって仕様が異なります。

● データベースが利用される状況

データベースの用途はさまざまで、予約管理、顧客管理、在庫管理、業務管理などがあります。基本的に何かしらのデータを使用するシステムには、すべてにおいてデータベースが利用されているといっても過言ではありません。

◉ 実際にデータベースが利用される状況

例として、図書館のシステムで使うデータベースについて説明します。

図書館にはさまざまなシステムが存在します。例えば、図書館利用者が蔵書を調べるための検索システム、図書館の職員が本の貸出や返却処理を行うシステム、利用者の新規登録や情報変更を行うシステム、さらには司書が図書館の本を登録する蔵書管理システムなどです。

● データベースの利用例

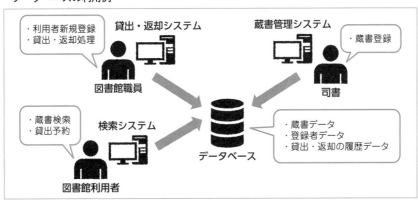

これらのシステムは、蔵書データ、登録者データ、貸出・返却の履歴データといったデータベースを共有しています。

このように、データベースそのものは図書館のシステムの外側にあり、データを登録・変更したり、検索したりする場合に利用される独立したシステムであるといえます。

◉RDBが活用される場所

図書館で使われているシステムのデータベースには、登録者情報テーブル、蔵書情報テーブル、貸出・返却の履歴情報テーブルなどのテーブルに情報が保存されています。

● 図書館データベース

登録者情報テーブル

登録者ID	名前
U201500001	山田太郎
U201700025	佐藤花子
U201800139	横山恵

蔵書情報テーブル

蔵書ID	名前
B1998N0001	蒲田駅西口広場
B2001H0232	横浜の歴史
B2020M5016	図書館マガジン1

貸出・返却の履歴情報テーブル

蔵書ID	登録者ID	貸出日	返却日
B1998N0001	U201500001	2021/1/5	2021/1/19
B2001H0232	U201700025	2021/1/10	2021/1/24
B2020M5016	U201500001	2021/1/10	2021/1/24

RDBの強みは、SQLでこれらのテーブルを関連付けることができる点です。

例えば、ある登録者がどんな名前の本を借りていて返却日はいつかという情報は、蔵書情報テーブルと貸出・返却の履歴情報テーブルに共通する蔵書IDで情報を結び付けることでわかります。

● テーブルを関連付ける

　このように、複数のテーブルの情報を関連付けて必要とする情報を容易に検索できることが、RDB の強みです。

1-2 MySQL とは何か

POINT

- MySQL とはどんなデータベースなのかを理解する
- MySQL の歴史を知る

MySQL とは何か

MySQL は「マイ・エスキューエル」と読みます。世界中でもっともよく利用されているオープンソースのデータベース（RDBMS）の 1 つで、高速、かつ使いやすいことで知られています。また、複数の人が同時利用するようなシステムに適しているといわれており、たとえばレンタルサーバのデータベースとしてもよく使われています。

商用利用に関してはライセンスの購入が必要ですが、非商用利用なら無償で使うことができます。

そのため、本書では無償で使える MySQL の環境を利用して学習を進めていきます。

◉ MySQLの歴史

MySQL の最初のバージョンがリリースされたのは 1995 年のことです。名前の由来は、MySQL を開発した TcX DataKonsalt 社の Michael Widenius の娘の名前「My」と、SQL を組み合わせたものであるといわれています。

Michael Widenius はのちに、MySQL の開発を専門に行う MySQL AB 社を設立しますが、米国の Sun Microsystems 社によって買収されます。さらに、Sun Microsystems 社が Oracle 社によって買収され、現在は Oracle 社で開発が行われています。

◉ MySQLのライセンス

前述のとおり MySQL はオープンソースですが、Oracle 社によって開発やソースコード管理が行われています。

利用者が利用用途に応じて **GPL ライセンス（GNU General Public License：無償のライセンス）**、もしくは**商用ライセンス**のいずれかを選択する「デュアルライセンスモデル」を採用しています。

GPL ライセンスを適用できるのは、MySQL を個人または社内システムインフラと

して利用し、MySQL そのものを再配布しないケースです。また、GPL ライセンスが適用されたソフトウェアのバックエンド・データベースとして MySQL を利用する場合も該当します。

　上記以外の用途では商用ライセンスの購入が必要になるので、MySQL の公式サイトを確認してください。

● MySQLの製品に関して

https://www.mysql.com/jp/products/

LAMP

　MySQL を利用するうえで忘れてはならないのが **LAMP（ランプ）** というキーワードです。LAMP とは、動的 Web システムを構築するためのオープンソースソフトウェアの組み合わせを表す用語です。具体的には以下の頭文字を取っています。

- **L**inux（OS）
- **A**pache（Web サーバ）
- **M**ySQL、**M**ariaDB（データベース）
- **P**erl、**P**HP、**P**ython（プログラミング言語）

　Web サーバとは、Web ブラウザやスマホアプリなどのクライアントからネットワークをとおして要請（アクセス）を受け、何かしらの処理を行うソフトウェアやコンピュータのことです。また、Web サーバに何らかの処理を要請するための操作や利用の手段（ユーザーインターフェース）として Web ブラウザが使用されることを Web ベース、もしくはブラウザベースといいます。

　これらのオープンソースソフトウェアは、利用のコストがかからない、もしくは極めて低コストなため、システム開発の費用を軽減することができるとともに、高いカスタマイズ性を活かせるというメリットがあります。

　LAMP に似た組み合わせで、データベースに PostgreSQL を使用したものを LAPP と呼びます。LAMP と LAPP のどちらも Web システムを開発する際の基本となるオープンソースソフトウェアの組み合わせです。

◉LAMPの利用例

LAMP の各ソフトウェアが、どのような働きをするのかを先ほどの図書館のシステムを例に説明します。

図書館のシステムで利用される各ソフトウェアは、PHP や Java などのプログラミング言語で記述されていると想定します。Web ベースで動作するアプリケーションからアクセスがあった場合、Web サーバである Apache は該当するソフトウェアのプログラムを起動します。

起動されたソフトウェアは、CRUD 処理をするためにデータベースである MySQLにアクセスし、得られた結果などを再び Apache を経由して Web ブラウザに送ります。

● LAMPのイメージ（図書館のシステム例）

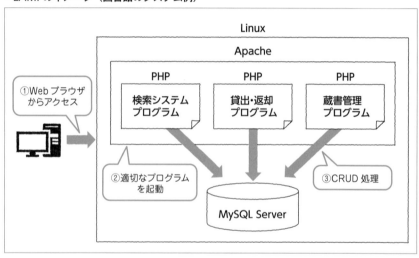

Web アプリケーションの組み合わせは、LAMP、LAPP 以外にもさまざまなものがありますが、基本的な構造はほぼ同じです。

2 学習環境の構築

- MAMP を利用して学習環境を構築する
- phpMyAdmin を利用して MySQL を操作する
- コマンドラインから MySQL を起動する

2-1 学習環境を構築する

- MAMP とは何かを理解する
- MAMP をダウンロードする
- MAMP をインストールし起動する

学習環境の構築と MAMP

これから本格的に MySQL の学習をはじめるにあたり、MySQL を学習する環境を構築していきましょう。MySQL は Oracle 社のサイトから誰でも無料でダウンロードして、インストールできます。通常、MySQL をインストールして環境構築を行うのは初心者には少し難しいのですが、今回は <u>MAMP（マンプ）</u>と呼ばれるソフトウェアを利用して環境を構築し、学習を進めていきます。

◉ MAMPとは何か

MAMP は、Apache Friends が提供する Web システムの開発に必要なフリーソフトウェアをまとめて扱うパッケージソフトウェアです。パッケージ内には、PHP、Apache、MySQL がセットになっています。MAMP に似た XAMPP（ザンプ）というパッケージソフトウェアもありますが、初心者にとっては MAMP のほうが取り扱いが簡単であるため、本書ではこちらを利用することにします。

MAMP のインストール

では、ここから実際に MAMP のインストーラをダウンロードし、インストールする方法を説明します。OS ごとにインストーラがありますが、本書では Windows 版で説明を行います。

◉ MAMPのインストーラをダウンロード

まずは MAMP のインストーラをダウンロードします。以下の URL から MAMP のサイトにアクセスしてください。

- **MAMPのサイト**

  https://www.mamp.info/

[Free Download] をクリックすると、ダウンロードページに遷移します。

- **MAMPのトップページ**

MAMP を利用する環境をクリックすると、インストーラをダウンロードできます。
ここでは Windows 版を選択します。

• インストーラのダウンロードページ

❷ 利用する環境のOSをクリック
（ここでは［Windows 10］を
クリック）

◉ MAMPのインストール

ダウンロードしたインストーラをダブルクリックして起動させます。［Next］をク
リックして、インストールを進めてください。

• MAMPのインストールの開始

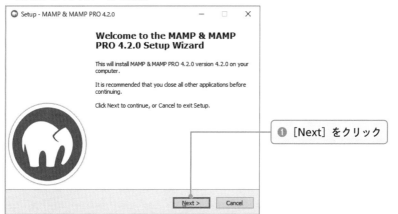

❶ ［Next］をクリック

［MAMP PRO］と［Install Apple Bonjour］のチェックマークを外して、［Next］
をクリックします。

● インストールするアプリケーションの選択

ライセンスの内容を確認し、［I accept the agreement］を選択して［Next］をクリッ
クします。

● ライセンスの承認

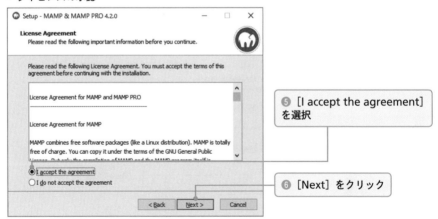

インストールディレクトリの選択画面に移行します。

初期状態では「C:¥MAMP」となっています。**このディレクトリは、のちほど行う設定に必要なため変更しないでください。**[Next]をクリックして、次の設定に進みます。

- インストールディレクトリの設定

初期状態（「C:¥MAMP」）のままにする

❼ [Next] をクリック

次はスタートメニューに表示するディレクトリ名を入力します。

初期状態は「MAMP」となっています。特に問題がなければ、このまま [Next] をクリックします。

- 登録するディレクトリ名の設定

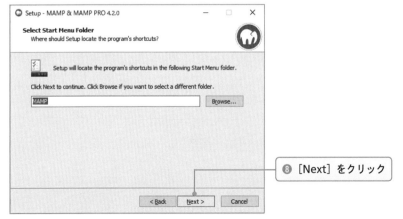

❽ [Next] をクリック

デスクトップに MAMP のアイコンを追加するかどうかを尋ねてきます。

特に問題がなければ、このまま［Next］をクリックします。以上でインストール前の設定は終了です。

● デスクトップにMAMPのアイコンを追加する設定

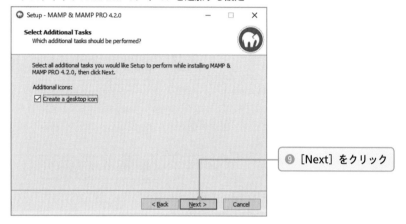

⑨ ［Next］をクリック

［Install］をクリックすると、インストールが開始されます。

● インストール開始

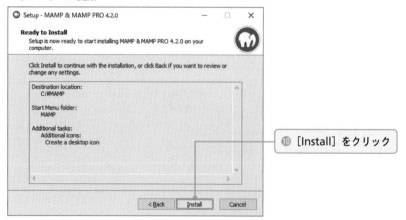

⑩ ［Install］をクリック

　インストールが完了したら、[Finish] をクリックします。以上でインストールは完了です。

● インストール終了

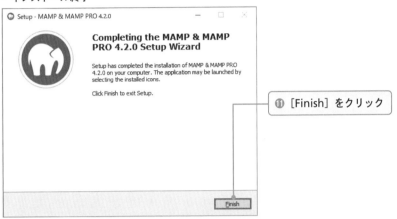

⑪ [Finish] をクリック

MAMP の起動

　MAMP のインストールが完了したら起動してみましょう。デスクトップ上のアイコンをダブルクリックするか、スタートメニューから MAMP を選択し、起動します。

● MAMPの起動

❶ [スタート] をクリック

❷ [MAMP] をクリック

MAMP の画面が開いてから少し待つと、「Apache Server」と「MySQL Server」の右側にある丸が緑になります。これは、それぞれ Apache サーバと MySQL サーバが起動していることを意味しています。**MySQL を起動するには、MySQL サーバが起動している必要があります**（詳細については後述）。この状態で、［Open WebStart page］をクリックすると、Web ブラウザが起動し、MAMP の Web スタートページが表示されます。

● MAMPの画面

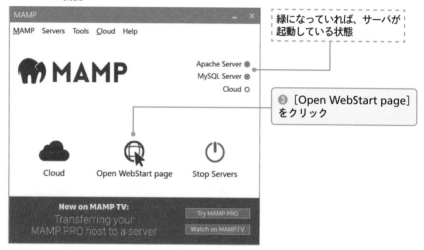

　MAMP の Web スタートページは、Web ブラウザ上で MAMP を操作できます。

● MAMPのWebスタートページ

2-2 phpMyAdmin の使い方

- phpMyAdmin とは何かを理解する
- phpMyAdmin を起動する
- phpMyAdmin を操作する

● phpMyAdmin とは

通常、MySQL をはじめとするデータベースはサーバとして機能しており、何らかのソフトウェアからアクセスすることを前提としています。そのため MySQL が動作するサーバは、一般的に**MySQL サーバ**と呼ばれます。MySQL の操作には、データベースを管理するための**クライアントツール**が必要です。

◉ クライアントツールでMySQLを操作する

ユーザーはクライアントツール上で MySQL を操作する命令（クエリ）を MySQL サーバに送ります。すると、MySQL サーバ内で命令が実行されます。命令を実行して得られた結果がクライアントツールに送り返されることで、ユーザーは実行結果を確認できます。phpMyAdmin はそういったクライアントツールの１つです。もっともシンプルなクライアントツールはコマンドプロンプトですが、通常多くのユーザーが MySQL を操作する際にはクライアントツールを利用します。これは MySQL 以外のデータベースについても同様です。

● MySQLとクライアントツール

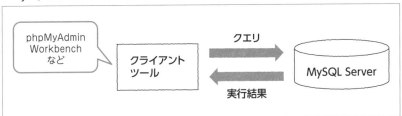

◉ phpMyAdminの特徴

phpMyAdminは、WebブラウザトでMySQLの操作を行うことができるクライアントツールです。SQLで書いた命令を実行でき、データベースやテーブルの作成、データの表示、追加など大抵の操作はボタンや項目をクリックするだけで行えます。さらに、さまざまな形式のデータを一括でインポートしたり、記録しているデータをエクスポートしたりすることも可能なため、用途に応じた操作を直感的に行うことができます。

このようなことから、phpMyAdminは広く使用されています。MySQLが利用できるレンタルサーバでも、その多くはphpMyAdminがセットで利用可能になっています。

◉ RDBMSのクライアントツール

phpMyAdmin以外にも、さまざまなRDBMSのクライアントツールが存在します。

● ツールの種類

ツール名	特徴
MySQL Workbench	MySQLが公式に配布しているツール。高機能・高性能だが初心者には操作が難しい
Sequel Pro	macOS用に開発されたツール。phpMyAdminで行う操作をWebブラウザを使わずに行える
Navicat	有料のSQLクライアントツール。MySQL以外のSQLにも対応
HeidiSQL	Windowsで使えるオープンソースのクライアントツール。無償利用が可能で、MySQL以外のSQLにも対応

● phpMyAdmin を起動する

本書ではコマンドプロンプトを使ってMySQLの学習を進めますが、phpMyAdminは非常に便利であり、プロもよく使用するツールなので、最初にMySQLの動作確認も兼ねて使ってみましょう。

では、早速phpMyAdminを起動してみましょう。MAMPのWebスタートページで［phpMyAdmin］をクリックします。

• phpMyAdminを起動する

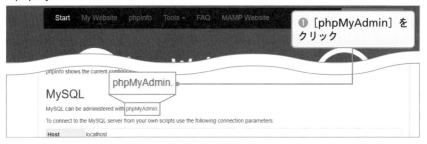

❶ [phpMyAdmin] を
クリック

phpMyAdmin が起動すると、次のような画面が表示されます。

• phpMyAdminの起動画面

◎ phpMyAdminを日本語化する

phpMyAdmin の初期状態はメニューなどが英語で表示されるため、日本語表示に設定を変更しましょう。Appearance settings の［Language］で［日本語］を選択します。

• phpMyAdminを日本語化

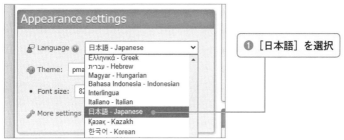

❶ [日本語] を選択

変更すると、次のように phpMyAdmin の画面が日本語化されます。

● 日本語化されたphpMyAdmin

phpMyAdmin の使い方

次に、ツールの基本操作について説明します。まずは、画面左側のデータベース一覧を見てみましょう。

◉ データベース一覧

MySQL は、複数のデータベースを定義できます(詳細は 2 日目で説明)。画面左側には、MySQL 上で定義されているデータベースの一覧が表示されます。

● データベース一覧

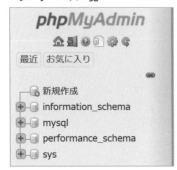

　MySQL はインストールした時点で、MySQL のシステムが利用するデータベースがいくつか用意されています。

　なお、phpMyAdmin でデータベースを削除できますが、**これらはシステムが利用するデータベースなので、間違って消さないように気を付けてください。**

注意

> MySQL のシステムにもともと用意されているデータベースを消さないように気を付けましょう。

◉ データベース内にあるテーブルを確認する

　データベースの中にはテーブルが存在します。テーブルは SQL を使って確認できますが、phpMyAdmin の GUI を操作して確認することもできます。試しに mysql という名前のデータベース内のテーブルを確認してみることにします。

　[mysql] の左にある [+] をクリックすると、mysql データベースのテーブル一覧が表示されます。

● データベース内のテーブルの確認

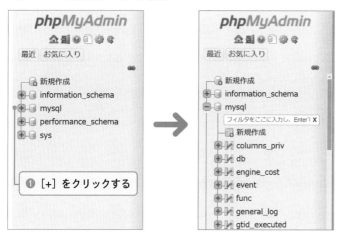

　表示をもとに戻す場合は、[-] をクリックします。

◉ SQLクエリを実行する

MySQL に SQL で命令をしてみましょう。SQL で書いた命令のことを **SQL クエリ** といいます。SQL クエリを実行するには、画面中央上側にある [SQL] をクリックして、クエリボックスに SQL クエリを入力します。

● クエリボックスを表示する

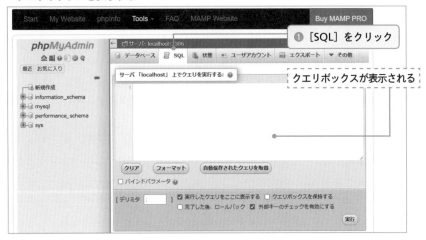

クエリボックス内ではカーソルが点滅していることが確認できます。キーボードから次の SQL クエリを入力してみましょう。

● SQLクエリ

```
01 SHOW DATABASES;
```

MySQL 内のデータベースの一覧を取得する SQL クエリです。実行結果は、画面左側のデータベース一覧と同じ名前の一覧が取得できます。

入力が完了したら、SQL クエリを実行します。実行するためにはクエリボックスの下にある [実行] をクリック、もしくは Alt + Enter キーを押します。

• SQLクエリを実行する

SQL クエリの実行が成功すると、「SQL は正常に実行されました。」と表示されます。タイトルが「Database」となっている表に MySQLのデータベース一覧が確認できます。

• SQLクエリの実行結果

なお、SQL クエリに文法的な間違いがあるとエラーメッセージが表示されます。

画面左上の［クエリボックスを表示］をクリックすると、再び SQL クエリが入力可能な状態になります。

次の誤りのある SQL クエリを入力し、実行してみてください。

● **文法的に誤ったSQLクエリ**

```
01  SHOW DATABASE;
```

するとクエリボックスの下に次のようなエラーメッセージが表示されます。

● **エラーメッセージ**

エラー

SQL クエリ:

SHOW DATABASE

MySQL のメッセージ:

#1064 - SQL構文エラーです。バージョンに対応するマニュアルを参照して正しい構文を確認してください。 : 'DATABASE' 付近 1 行目

メッセージに「#1064 - SQL 構文エラーです。バージョンに対応するマニュアルを参照して正しい構文を確認してください。：'DATABASE' 付近 1 行目」とエラーメッセージが表示されています。「DATABASES」と記述すべきところが「DATABASE」になっていることがエラーの原因であるとわかります。エラーの場合、クエリボックスは消えないため、内容を変更して再び実行できます。

MAMP を終了する

　次に、MAMP を終了する方法について説明します。まず phpMyAdmin を開いている Web ブラウザを閉じます。そのあと、MAMP の［Stop Servers］をクリックして、サーバを停止させます。

● サーバを停止させる

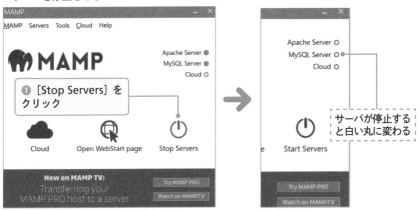

　「Apache Server」と「MySQL Server」の右側にある丸が緑から白に変わります。これは、Apache サーバと MySQL サーバが停止したことを意味します。

　最後に、メニューから［MAMP］ → ［EXIT］を選択すると、MAMP が終了します。

2-3 コマンドプロンプトから MySQL を起動する

- mysql コマンドのパスの設定を行う
- MySQL を起動する
- 基本的なコマンドを使ってみる

コマンドプロンプトから MySQL を起動する

phpMyAdmin は大変便利なクライアントツールで、SQL クエリを実行して行う処理の大半を GUI で行えます。たしかに便利なのですが、MySQL について正しく理解するために、本書ではあえてコマンドプロンプトから MySQL を操作します。

mysql.exeにパスをとおす

コマンドプロンプトで MySQL を操作するためには、mysql.exe というコマンドラインクライアントを使います。mysql.exe を使うと、コマンドプロンプト上で SQL クエリを実行できます。

Windows で「C:¥MAMP」に MAMP をインストールした場合、次のディレクトリに mysql.exe が保存されます。

- **mysql.exeの保存先ディレクトリ**

```
C:¥MAMP¥bin¥mysql¥bin
```

以降、MySQL を操作する際にはコマンドラインから mysql.exe を使うため、操作しやすいようにこのディレクトリを環境変数の Path に追加しましょう。

　まずはシステムのプロパティ画面を開きます。タスクバーの検索ボックスに「システムの詳細設定の表示」と入力すると検索結果が表示されるので、[システムの詳細設定の表示] をクリックします。

● システムのプロパティ画面を開く

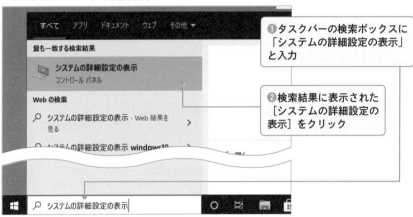

　システムのプロパティ画面で [環境変数] をクリックして、環境変数の設定画面を開きます。

● システムのプロパティ画面

システム環境変数の［Path］をクリックして選択します。その状態で［編集］をク
リックして、環境変数名の編集画面を開きます。

● **環境変数の設定**

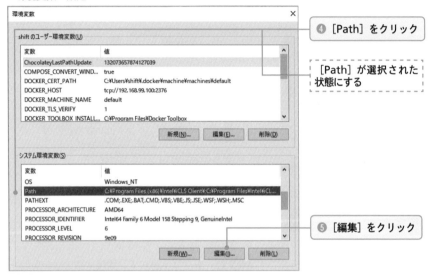

［新規］をクリックすると、新しいパスが入力できる状態になります。

● **環境変数名の編集**

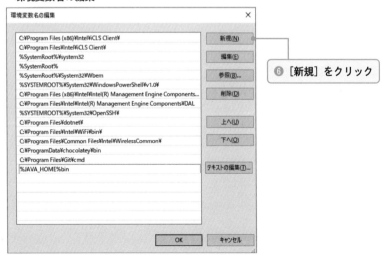

mysql.exe が保存されているディレクトリのパスを入力し、[OK] をクリックすれば設定は完了です。

- mysql.exeの保存先のディレクトリ

```
C:¥MAMP¥bin¥mysql¥bin
```

- mysql.exeのパスが追加された状態

❼ mysql.exeが保存されているディレクトリのパスを入力（ここでは「C:¥MAMP¥bin¥mysql¥bin」と入力）

❽ [OK] をクリック

開いているほかのウィンドウも[OK]をクリックして閉じます。システム画面も[×]をクリックして閉じてください。

◉ MySQLを起動する

パスの設定後、**MAMP を起動させて、MySQL サーバが起動していることを確認します**。コマンドプロンプトで MySQL の操作を行う場合、Web スタートページや phpMyAdmin の起動は不要です。

注意

mysql.exe を実行するには、MySQL サーバが起動している状態である必要があります。

問題がなければ、25 ページのようにスタートメニューから [Windows システムツール] → [コマンドプロンプト] を選択してコマンドプロンプトを起動します。

コマンドプロンプトが起動したら、次のように入力して、MySQL を起動させます。

- MySQLの起動

```
mysql -u root -p
```

MySQL の起動時にはユーザー名とパスワードの入力が必要です。ここでは「root」という特別なユーザーで起動させます。コマンドを入力すると、パスワードの入力を求められるので、再び「root」として入力して `Enter` キーを押します。すると、MySQL が起動し、「mysql>」と表示されて MySQL が操作可能な状態になります。

● MySQLを起動する

```
C:¥Users¥shift>mysql -u root -p        ← 入力して、 Enter キーを押す
Enter password: ****        ← 「root」と入力して、 Enter キーを押す
Welcome to the MySQL monitor.  Commands end with ; or \g.
Your MySQL connection id is 8
Server version: 5.7.24 MySQL Community Server (GPL)

Copyright (c) 2000, 2018, Oracle and/or its affiliates. All rights
reserved.

Oracle is a registered trademark of Oracle Corporation and/or its
affiliates. Other names may be trademarks of their respective
owners.

Type 'help;' or '\h' for help. Type '\c' to clear the current input
statement.

mysql>        ← 入力が可能な状態になる
```

「mysql>」のあとに SQL クエリを入力し `Enter` キーを押すと、入力した SQL クエリが実行されます。phpMyAdmin で SQL クエリを実行したのと同様に、次の SQL クエリを実行してデータベースの一覧を表示してみましょう。

● データベース一覧の取得

```
SHOW DATABASES;
```

● 「SHOW DATABASES;」の実行結果

```
mysql> SHOW DATABASES;        ← 入力して、 Enter キーを押す
+--------------------+
| Database           |
+--------------------+
| information_schema |
| mysql              |
```

```
| performance_schema |
| sys                |
+--------------------+
4 rows in set (0.00 sec)

mysql>
```

　これで MySQL が起動し、操作できることを確認できました。

　なお、MySQL の起動時に指定するユーザーは新規作成も可能です。新規作成したユーザーで起動する場合は、「mysql -u root -p」の「root」を該当のユーザー名に置き替えてください。

◉ MySQLを終了する

　MySQL を終了するには、コマンドプロンプトで「quit」と入力して、 Enter キーを押します。

● MySQLの終了
```
mysql> quit    ◀━━ 入力して、 Enter キーを押す
Bye

C:¥Users¥shift>   ◀━━ 再びコマンドプロンプトのモードに
```

　「Bye」と表示され、MySQL が終了します。MySQL サーバが起動している間は、何度でも 39 ページの手順で起動できます。また、MySQL を終了させてから MAMP も終了させます。

quit
用語　MySQL を終了するコマンド

　学習を終了する際には、必ず同様の手順で MySQL を終了させたうえで、35 ページで説明した手順で MAMP も終了させてください。

3 練習問題

> ▶ 正解は 294 ページ

 問題 1-1 ★ ☆ ☆

次の言葉を表す RDB の用語を、解答群の中から選びなさい。

(1) データを格納する表　　(2) 表の列

(3) 表の行　　　　　　　　(4) 表の要素

【解答群】

a：カラム　　　b：フィールド

c：レコード　　d：テーブル

 問題 1-2 ★ ☆ ☆

次の用語の正しい説明を、解答群の中から選びなさい。

(1) クエリ　　　(2) CRUD　　　(3) LAMP

【解答群】

a：データベースの生成・読み取り・更新・削除の総称

b：データベースへの命令

c：Web アプリケーションを作るための OS、Web サーバ、データベース、プログラ
　　ミング言語の名前から頭文字を取ったもの

2日目

MySQL の
基本操作

1) コンピュータが扱うデータ

- ● コンピュータでの数値の扱い方について理解する
- ● コンピュータでの文字コードについて理解する

1-1 コンピュータでの数値の扱い

POINT

- コンピュータでの数値の扱いについて理解する
- 整数や実数の扱い方について理解する
- 固定小数点と浮動小数点の違いについて理解する

● コンピュータでの数値の扱い

　MySQL の学習に向けて、コンピュータが扱うデータ、特に数値と文字を扱う仕組みについて事前にしっかりと学習をしておきましょう。この知識がないと、MySQL を使用するうえで正しいデータの扱い方ができないからです。そのため、少しでも早く MySQL の勉強をしたい人には遠回りに感じるかもしれませんが、飛ばさずに読んでください。

● ビットとバイト

　私たち人間は 0 から 9 までの数字を使った **10 進数**という形式で数値を扱います。それに対し、コンピュータは 0 と 1 のみの **2 進数**という形式で数値を扱います。

　この 0 か 1 を使って表現する情報の形式を**ビット（bit）**と呼びます。さらに、8 つのビットを 1 つの塊として扱う単位を**バイト（byte）**と呼びます。1 バイトとは 2 の 8 乗、つまり 256 種類の情報を取り扱うことが可能で、コンピュータで扱うデータの単位はバイトが使われています。

• ビットとバイト

| | 0 | 1 | | ビット（bit）：0か1の情報 |

| 0 | 1 | 1 | 0 | 0 | 1 | 0 | 1 |　バイト（byte）：1バイト＝8ビット

◎ 符号なし整数

　コンピュータでは、10進数で表す数値を2進数に置き換えて扱っています。例えば、＋や-の符号を扱わない4ビットで整数を表す場合は、次のとおりです。

• 10進数を2進数で表す

10進数	2進数	10進数	2進数	10進数	2進数	10進数	2進数
0	0000	4	0100	8	1000	12	1100
1	0001	5	0101	9	1001	13	1101
2	0010	6	0110	10	1010	14	1110
3	0011	7	0111	11	1011	15	1111

　なお、8ビットでは符号なしの場合、0（00000000）～255（11111111）までの整数を表現できます。

　では、＋や-の符号を扱いたい場合はどうするのでしょうか？　そのような場合、符号を表すために先頭のビットを符号ビットとして利用します。

◎ 符号あり整数

　10進数と同様に、2進数でも負の数を表せます。しかし、コンピュータで有限桁の2進数で負の数を表す方法は、少し特殊な考え方が必要です。ここでは、8ビットで表現する方法を考えてみます。

　8ビットで負の数を表す場合も「0」が「00000000」であることは変わりません。また「1」を「00000001」、「2」を「00000010」…と増やしていく方法も変わりません。

　では、負の数をどのように表現するかというと、「-1」を「11111111」として、「-2」を「11111110」、「-3」を「11111101」…と減らしていきます。

　すると、8ビットの2進数で表現できる正の数は1（＝00000001）から127（＝01111111）まで、負の数は、-1（＝11111111）から、-128（＝10000000）までになります。

● 符号ありの整数の表現

0	1	1	1	1	1	1	1	+127
0	1	1	1	1	1	1	0	+126
0	1	1	1	1	1	0	1	+125

︙

0	0	0	0	0	0	1	1	+3
0	0	0	0	0	0	1	0	+2
0	0	0	0	0	0	0	1	+1
1	1	1	1	1	1	1	1	-1
1	1	1	1	1	1	1	0	-2
1	1	1	1	1	1	0	1	-3

︙

1	0	0	0	0	0	1	0	-126
1	0	0	0	0	0	0	1	-127
1	0	0	0	0	0	0	0	-128

　図のとおり、正の数は必ず先頭のビットが「0」、負の数の場合は「1」となっています。2進数で正負の数を区別できるのは、この先頭のビットの値によるものです。この正負を表現する先頭のビットを符号ビットと呼びます。

　表現するビット数が増えても同様に考え、先頭を符号ビットにします。

● 実数の扱い

　次に、小数点を含めて表現する実数の扱いについて説明します。コンピュータで実数の表現方法は、**固定小数点（こていしょうすうてん）**と**浮動小数点（ふどうしょうすうてん）**があります。固定小数点は扱える小数点の位が固定されますが、浮動小数点は扱う数値の大きさにあわせて扱える小数点の位が変わります。

◎ 固定小数点

固定小数点とは、2進数のある位置を小数点と定め、限られた範囲のビット数で2進数の実数を表現する方法です。

例えば、8ビットのうち先頭4ビットが整数部、後半4ビットが小数部の場合、「01101101」という2進数は6.8125となります。6は整数部分の「0110」を10進数にしたものであり、小数部分は2進数を独自の計算方法で小数にしたものです。

● 固定小数点の表現

◎ 浮動小数点

固定小数点に対し、浮動小数点は非常に複雑です。

先頭のビット（s）は符号、eは指数部、仮数fは小数部を表し、これらの積で数値を表します。符号sに1ビット、指数eにEビット、仮数fにFビットを用います。

sが0の場合は正の数、1の場合は負の数を表します。これは、$(-1)^0=1$ であり、$(-1)^1=-1$ であることから、符号は $(-1)^s$ にまとめられます。

また、指数部分は、$e-2^{E-1}$ を e' として、これをもとに指数の表現に変えます。仮数部fは、先頭に小数点を固定した正の固定小数点であり、その値は、0.f と表します。

● 浮動小数点の表現

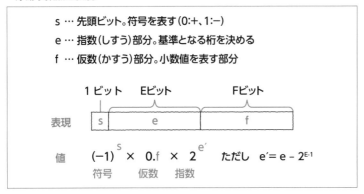

s … 先頭ビット。符号を表す(0:+、1:−)
e … 指数(しすう)部分。基準となる桁を決める
f … 仮数(かすう)部分。小数値を表す部分

表現

値　　$(-1)^s \times 0.f \times 2^{e'}$　　ただし　$e' = e - 2^{E-1}$
符号　　仮数　　指数

◉ 固定小数点と浮動小数点の長所・短所

　浮動小数点のメリットは、非常に大きな値から非常に小さな値まで扱える点ですが、デメリットは、計算が近似値計算であるために誤差が発生する可能性があることです。逆に固定小数点は、シンプルに表現でき、誤差が発生しにくい点がメリットですが、扱える数値が小さい点がデメリットです。

　そのため、固定小数点は誤差が許されないお金の管理に向いています。例えば、金額をドルで表す場合は、「1.23」といったように小数点以下の数値が必要です。このような場合は、固定小数点を使えば誤差は発生しにくくなります。逆に、浮動小数点は誤差が発生しても問題はなく、変動の大きい数値などを扱う場合に適しています。

1-2 文字コード

- 文字コードとは何かを理解する
- Unicode と UTF-8 について理解する
- MySQL の文字コードの事情について理解する

文字コード

次に、コンピュータで文字を扱う際に必要な、文字コードについて説明します。

◉ 文字コードとは何か

文字コードとは、コンピュータで文字を処理するために文字の種類に番号を割り振ったものです。文字の形を画像としてやり取りする代わりに、「あ」は 1 番、「い」は 2 番……といった番号を付けて、その数値の並びを文字列データとして扱います。

文字コードにはさまざまな種類があります。主要な文字コードは次の表のとおりです。

• 主要な文字コード

種類	読み方	概要
ASCII	アスキー	アルファベット、数字、記号、空白文字、制御文字などの128文字を1バイトで表現。半角文字のみを扱う
Shift-JIS	シフトジス	WindowsやMS-DOS、macOSで使用される2バイトの文字コード。全角文字・半角文字ともに表現可能
EUC	イーユーシー	UNIX（OSの一種）上で漢字、中国語、韓国語などを扱うことができるマルチバイトコード
Unicode	ユニコード	世界中の文字を表現可能。現在、Webなどで標準的に用いられている文字コード

このうち、ASCII がもっとも歴史が古く、基本的な文字コードです。

◉ Unicode

この中で特に大事な文字コードが Unicode です。Unicode は全世界共通で使えるように世界中の文字を収録する文字コード規格で、インターネットの世界では世界標準の文字コードです。

そのため、現在は MySQL でも Unicode が標準文字コードとして扱われています。phpMyAdmin の起動画面の右側にあるデータベースサーバという項目を見てみましょう。

● MySQLで使用される文字コードの確認

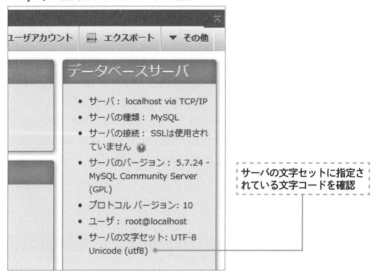

サーバの文字セットに指定されている文字コードを確認

サーバの文字セットが「UTF-8 Unicode (utf8)」になっていることを確認できます。

UTF-8 と Unicode

ところで、この UTF-8 と Unicode は同じものなのでしょうか？ 厳密にいうと少し違います。どのような違いがあるのかを解説します。

◉ 文字集合と符号化方式

文字集合（もじしゅうごう）とは、文字と文字に付けた番号をまとめた情報のことで、Unicode は文字集合の 1 つです。コンピュータは 2 進数で情報を扱うため、文字集合に使われている番号をそのまま使うことができません。コンピュータ上で数値の振り方をどうやって表現（エンコード）するかを決めているのが**符号化方式（ふごうかほうしき）**です。

UTF-8 は Unicode の符号化方式の 1 つで、ほかに UTF-16 などの符号化方式があります。UTF-8 は ASCII で定義している文字を、Unicode でそのまま使用することを目的として制定しています。そのため世界中の多くのソフトウェアが UTF-8 を使用しています。幅広く普及していることを考えると、UTF-8 は世界的にもポピュラーな文字コードだといえるでしょう。

◉ UTF-8の特徴

UTF-8 は ASCII と互換性があるため、一部の文字コードは ASCII と同じです。そのため ASCII と同じ部分は 1 バイトで表現し、そのほかの部分を 2 〜 6 バイトで表現する可変長の符号化方式です。漢字やかな文字は 3 〜 4 バイトで表現するため、UTF-16 と比較するとデータサイズが大きくなります。

● MySQL の照合順序

データベースでは、使用する文字コード以外にも重視すべきポイントがあります。

例えば「apple」という単語を検索する場合、「Apple」や「APPLE」といった別の表現も人間は同じ単語とみなします。しかし、厳密にいうと「a」と「A」は異なる番号が割り振られているため、これらの単語はコンピュータでは違うものとして認識されてしまいます。そこで、データベースでは**照合順序（しょうごうじゅんじょ）**と呼ばれる設定をすることで、この問題を回避しています。

照合順序とは、英語で Collation といい、文字の大小関係を比較するための基準です。アルファベットの「a」「A」、かなの「あ」「ア」「ｱ」を小さいほうから順に並べたらどういう順番になるのか、漢字の「川」「皮」ではどちらが大きいのか（順番が先になるか）など文字の大小関係を決めています。

◉ MySQLの照合順序

phpMyAdmin のトップ画面には、この照合順序を設定する項目があります。

● MySQLの照合順序の確認

　一般設定にあるサーバ接続の照合順序を見ると「utf8mb4_unicode_ci」となっていることがわかります。先頭の「utf8mb4_unicode」は、文字ごとに最大 4 バイトを使用し、補助文字をサポートする UTF-8 の文字コードであることを意味します。

　さらに、末尾の「_ci」は照合順序の方法を表しています。末尾の照合順序の方法には、次のような種類があります。

● 照合順序の方法

末尾	意味
_ci	検索時に大文字と小文字が区別されない
_cs	検索時に大文字と小文字が区別される
_bin	バイナリとして判断する

　以上のことから、「utf8mb4_unicode_ci」は「最大 4 バイトの UTF-8 で、検索時に大文字と小文字が区別されない」ということを表しています。

　なお、この設定項目は変更できるようになっていますが、**本書で学習を行う際には絶対に変更しないでください。**もしも変更してしまうと、これから実行する SQL クエリの結果が説明と異なってしまう可能性があります。

 照合順序は初期値のまま変更しないようにしましょう。

注意

2 MySQL の構造と基本操作

- ● MySQL の構造について理解する
- ● MySQL の基本的な操作方法について理解する
- ● MySQL で新しいデータベースを作成する

2-1 MySQL の構造

POINT

- ・MySQL の基本構造と用語について理解する
- ・MySQL で扱えるデータ型について理解する
- ・MySQL のリテラルについて理解する

● MySQL の基本構造

それでは、MySQL の基本構造について説明していきましょう。

MySQL では、**テーブル（table）**や**インデックス（index）**のまとまりをデータベースと呼んでいます。インデックスとは、データの検索速度を向上させるための「本の索引」のようなものです。データベースという箱の中に、複数のテーブルとテーブルに付随するインデックスを管理します。MySQL では、データベースと同じものを指す言葉として**スキーマ（schema）**という単語も使われます。

スキーマという単語は、RDBMS の種類によって使い方が異なるで注意が必要です。例えば、Oracle ではデータベースの中に、スキーマという箱を作り、その中にテーブルを作って管理します。1 ユーザーにつき 1 つのスキーマを所持し、スキーマを所持（管理）するユーザーのことをスキーマ所持者と呼ぶこともあります。ほかのユーザーが管理するスキーマにアクセスしたい場合は、アクセス権限を付与してもらう必要があります。

● MySQLとOracleの構造比較

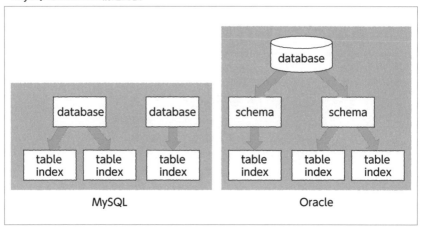

● データ型

次に MySQL で扱える**データ型**について説明します。MySQL はテーブルでさまざまなデータを管理しますが、データには数値、文字列、日付などさまざまなタイプが存在します。

このようなデータのタイプのことをデータ型といいます。MySQL には非常に多くのデータ型が存在しますが、すべてを紹介するのは難しいので、使用頻度が高いデータ型を紹介します。

◉ 整数型（真数値）

MySQL で扱える整数のデータ型には次ページの表のようなものがあります。どのデータ型を使うかは、扱うデータの数値の範囲によって決めます。なお、各型には正・負の値を扱える符号付き、0 以上の値を扱える符号なしがあります。

● 整数のデータ型

型	バイト	最小	最大値
TINYINT（符号付き）	1	-128	127
TINYINT（符号なし）	1	0	255
SMALLINT（符号付き）	2	-32768	32767
SMALLINT（符号なし）	2	0	65535
MEDIUMINT（符号付き）	3	-8388608	8388607
MEDIUMINT（符号なし）	3	0	16777215
INT（符号付き）	4	-2147483648	2147483647
INT（符号なし）	4	0	4294967295
BIGINT（符号付き）	8	-9223372036854775808	9223372036854775807
BIGINT（符号なし）	8	0	18446744073709551615

◉ 固定小数点と浮動小数点

MySQL で実数値を扱う方式は、大きく分けて固定小数点（こていしょうすうてん）と浮動小数点（ふどうしょうすうてん）があります。

固定小数点は金銭データを扱う場合など、正確な精度を保持することが重要な場合に使用され、DECIMAL 型および NUMERIC 型が利用されます。これらの型については以下を参考にしてください。

● DECIMAL型およびNUMERIC型について

https://dev.mysql.com/doc/refman/5.6/ja/fixed-point-types.html

浮動小数点には以下の 2 つの型があります。

● 浮動小数点のデータ型

型	バイト	最小値	最大値
FLOAT	4	-3.402823466E+38〜 -1.175494351E-38	1.175494351E-38〜 3.402823466E+38
DOUBLE	8	-1.7976931348623157E+308〜 -2.2250738585072014E-308	2.2250738585072014E-308〜 1.7976931348623157E+308

◉ 文字列

文字列の型には以下のようなものがあります。

● 文字列型

型	特徴
CHAR	固定長文字列
VARCHAR	可変長文字列
TEXT	文字列データを扱うデータ型で格納できるデータのサイズを指定しない

　CHAR は長さを 5 とする場合、CHAR(5) と表します。仮に、「DOG」という 3 文字を CHAR(5) に格納すると 2 文字分余りますが、余った部分にはスペースが入ることで長さが 5 になります。これを固定長といいます。データを取り出すときはこのスペースは削除されます。

　VARCHAR も長さを 5 とする場合、VARCHAR(5) と表しますが、「DOG」という 3 文字を格納すると長さは 3 と表現されます。

　両方とも指定した文字列を超えた範囲の値が入力されると、オーバーした分の文字がカットされるので注意が必要です。

● CHARとVARCHAR

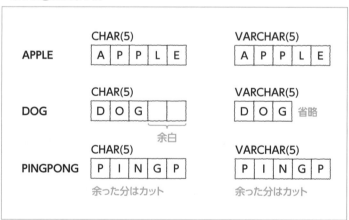

◉ 日付と時刻型

時間や日付を表すために使うデータ型は、次の5つです。

● 日付と時刻型

型	内容	範囲
DATETIME	日付と時刻	'1000-01-01　00：00：00'～ '9999-12-31　23：59：59'
TIMESTAMP	日付と時刻	'1970-01-01 00:00:01.000000'UTC～ '2038-01-19 03:14:07.999999'
DATE	日付	'1000-01-01'～'9999-12-31'
TIME	時刻	'-838：59：59～838：59：59'
YEAR	年（西暦）	'1901～2155'

用語

タイムスタンプ（TIMESTAMP）
あるできごとが発生した日付・時刻などを示す文字列。ある時刻にその電子データが存在していたことと、それ以降に変更されていないことを証明するような場面で使用する

◉ NULL値

データ型についての説明とあわせて、どのデータ型にも入れることができる <u>NULL（ヌル）値</u>について説明しておきましょう。NULL値はデータが存在しないことを表す値です。文字列における空文字 ' ' や数値における 0 とは異なります。

レコードが作成されたものの、データを追加する際に値が渡されなかったカラムの値は NULL になります。

● リテラル

SQLクエリに記述する数値や文字列などの値を <u>リテラル</u>と呼び、次のような種類と記述ルールがあります。

◉ 数値リテラル

数値を表す数値リテラルは、半角数字で表記します。

● 数値リテラルの例

```
101
-2.5
```

◉ 文字リテラル

文字列を表すのが文字リテラルです。「'」か「"」で囲みます。数字も「'」や「"」で囲むと文字リテラルになります。

● 文字リテラルの例

```
'abcdef' 'あいうえお' '123456'
```

◉ エスケープシーケンス

キーボードから入力できない文字を文字列の中で表したい場合や、特別な意味を持つ文字を入力したい場合には**エスケープシーケンス**を使います。

● MySQLのエスケープシーケンス

エスケープシーケンス	シーケンスが表す文字
\0	ASCII NULL (0x00) 文字
\'	'（シングルクォーテーション）
\"	"（ダブルクォーテーション）
\b	バックスペース
\n	改行（ラインフィード）文字
\t	タブ文字
\r	復帰改行文字
\Z	ASCII 26 (Ctrl+Z)
\\	\（バックスラッシュ）
\%	%
_	_（アンダーバー）

「%」および「_」は、パターンマッチングに使うため（詳細は112ページ参照）、そのまま文字として使用することができません。そのため文字として使用したい場合には、エスケープシーケンスを使います。

また、「'」で囲んだ文字列内で「'」を使用する場合は「\'」、「"」で囲んだ文字列内で「"」を使用する場合は「\"」と記述します。さらに、「\」自体はエスケープシーケンスがはじまることを意味する文字なので、文字として使用する場合には「\\」と記述します。

● エスケープシーケンスの利用例

エスケープシーケンスを含む文字列	意味する文字列
This\nis\nFour\nLines	This is Four Lines
\"Hello\"	"Hello"
100\%	100%

◉ 日付リテラル

日付や時刻を表すリテラルは、文字列リテラルと同じように「'」か「"」で囲みます。

● 日付リテラルの例

`'1972-12-05' '2015-10-04 12:11:40'`

◉ リテラルとデータ型

各リテラルに対応するデータ型は、次のとおりです。

● 各リテラルに対応するデータ型

リテラル	データ型
数値リテラル	TINYINT、SMALLINT、MEDIUMINT、INT、BIGINTなど
文字リテラル	CHAR、VARCHAR、TEXTなど
日付リテラル	DATE、DATETIME、TIMESTAMPなど

SQL の命令分類

続いて、SQL の命令分類について説明します。MySQL に限らず SQL は大きく DDL、DML、DCL の 3 種類の命令に分かれます。

- **DDL（Data Definition Language：データ定義言語）**
  データベースやテーブルを作成するときに使用する SQL の命令です。
- **DML（Data Manipulation Language：データ操作言語）**
  データを操作するときに使います。例えば、テーブルからデータを取得する場合やテーブルにデータを追加する場合などです。
- **DCL（DataControl Language：データ制御言語）**
  トランザクション制御（データの整合性を保つための機能）などに使用します。

- SQLの命令分類

分類名	略称	命令	内容
データ定義言語	DDL	CREATE	データベース・テーブルの生成
		ALTER	テーブルの変更
		DROP	データベース・テーブルの削除
データ操作言語	DML	INSERT	レコードの追加
		DELETE	レコードの削除
		UPDATE	レコードの更新
		SELECT	レコードの取得
データ制御言語	DCL	COMMIT	更新処理の確定
		ROLLBACK	更新処理の放棄
		SAVEPOINT	セーブポイントの設定

◎ MySQLの予約語

予約語とは、CREATE や INSERT など、あらかじめ用途が定義されている単語のことで、半角のアルファベットが使われています。予約語は、テーブル名やカラム名などの識別子には使用できません。

MySQL の予約語は数が多いうえ、バージョンによって異なることもあるため、詳しく知りたい方は MySQL のリファレンスを確認してください。

- MySQLの予約語（バージョン5.6の場合）

https://dev.mysql.com/doc/refman/5.6/ja/reserved-words.html

◉ 大文字と小文字の区別

MySQL では、テーブル名やカラム名を指定する際、大文字と小文字の違いは無視します（テーブル内部のデータに関しては区別されるので注意が必要）。

以下の SQL クエリはすべて同じ意味であるとみなされます。

- 同じ意味を持つSQLクエリ

```
SELECT * FROM sample;
select * from sample;
SELECT * FROM SAMPLE;
```

なお、データベース（RDBMS）の種類によってはテーブル名の大文字と小文字を区別するものもあるので注意が必要です。

重要　MySQL ではテーブル名やカラム名を指定する際、大文字と小文字の違いは無視します。

また、SQL の命令は単語ごとにスペースを入れるため、命令部分とテーブル名やデータなどの区別が付きづらいという問題があります。そのため、**本書では SQL クエリを読みやすくするために、命令部分は大文字、それ以外のテーブル名やカラム名は小文字で記述することにします。**

◉ 複数行のSQLクエリ

SQL クエリは「;（セミコロン）」までが 1 つの命令です。 SQL クエリが長くなる場合、次のように複数行に分けて記述できます。

- 複数の行に記述されたSQLクエリ

```
SELECT
  *
FROM
  sample;
```

以降、SQL クエリが短い場合は 1 行で記述しますが、長い場合や命令が複雑な場合は複数行に分けて記述します。

重要

> 1 つの SQL クエリを複数行に分けて記述できます。

2-2 MySQL の基本操作

- MySQL の基本的な操作を行う
- MySQL で新しいデータベースの作成と削除を行う

● データベースの確認

ここからは実際に MySQL の基本操作を行いましょう。再び MAMP を起動して、コマンドラインから MySQL を起動します。

◉ MySQLのデータベース一覧

MySQL には、あらかじめいくつかのデータベースが作られています。まずは、それらを確認してみることにします。

1 日目でも説明しましたが、存在するデータベースを確認するには、次の SQL クエリを実行します。

Sample201（MySQLのデータベース一覧の取得）

```
01 SHOW DATABASES;
```

なお、「;」は付け忘れやすいため、忘れないように気を付けましょう。

● 実行結果

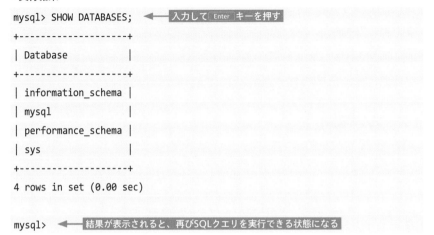

```
mysql> SHOW DATABASES;        ← 入力して Enter キーを押す
+--------------------+
| Database           |
+--------------------+
| information_schema |
| mysql              |
| performance_schema |
| sys                |
+--------------------+
4 rows in set (0.00 sec)

mysql>     ← 結果が表示されると、再びSQLクエリを実行できる状態になる
```

2日目

M
y
S
Q
L
の
基
本
操
作

　phpMyAdmin で確認したとき（32 ページ参照）と同様に、データベースの一覧が表示されます。

注意

SQL クエリの最後には必ず「;」を付けます。

◎ デフォルトデータベースの切り替え方法

　次に、デフォルトデータベースの切り替え方法を説明します。

　テーブルを操作するときは、通常「データベース名.テーブル名」という書式でテーブルを指定する必要がありますが、デフォルトデータベースのテーブルを操作する場合は、データベース名を省略できます。

　デフォルトデータベースの切り替えには、USE コマンドを使います。

● USEコマンドの書式

```
USE データベース名;
```

　試しに、mysql データベースをデフォルトデータベースに切り替えてみましょう。

Sample202（デフォルトデータベースを切り替える）
```
01 USE mysql;
```

● 実行結果

```
mysql> USE mysql;   ◀── 入力して Enter キーを押す
Database changed
```

Sample202 を実行すると「Database changed」とだけ表示されます。これで mysql データベースがデフォルトデータベースとして利用できるようになりました。

◉ テーブルの確認

次に、データベース内に存在するテーブルを確認してみます。USE コマンドで切り替えたデフォルトデータベース内に存在するテーブルの一覧を取得するには、SHOW 文を使います。

Sample203（デフォルトデータベースのテーブル一覧を取得）

```
01  SHOW TABLES;
```

すでに USE コマンドでデフォルトデータベースを mysql データベースにしているので、この状態で SHOW 文を実行すると次のような結果が得られます。

● 実行結果

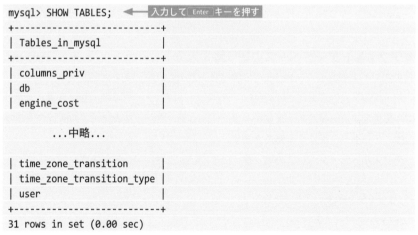

```
mysql> SHOW TABLES;   ◀── 入力して Enter キーを押す
+---------------------------+
| Tables_in_mysql           |
+---------------------------+
| columns_priv              |
| db                        |
| engine_cost               |

        ...中略...

| time_zone_transition      |
| time_zone_transition_type |
| user                      |
+---------------------------+
31 rows in set (0.00 sec)
```

例題 2-1 ★ ☆ ☆

次の手順の操作を MySQL で実行しなさい。

（1）すべてのデータベースを表示しなさい。

（2）デフォルトデータベースを information_schema データベースに切り替えなさい。

（3）information_schema データベースの全テーブルを表示しなさい。

 解答例と解説

（1）すべてのデータベースを表示するには、「SHOW DATABASES;」を実行します。

● データベースの一覧の取得

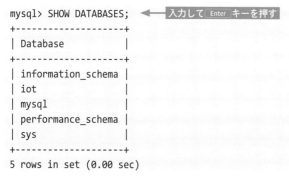

```
mysql> SHOW DATABASES;    ← 入力して Enter キーを押す
+--------------------+
| Database           |
+--------------------+
| information_schema |
| iot                |
| mysql              |
| performance_schema |
| sys                |
+--------------------+
5 rows in set (0.00 sec)
```

（2）デフォルトデータベースの切り替えには、USE コマンドを使います。

● information_schemaデータベースをデフォルトデータベースにする

```
mysql> USE information_schema;    ← 入力して Enter キーを押す
Database changed
```

（3）選択したデータベース内のすべてのテーブルを表示するには「SHOW TABLES;」を実行します。

• information_schemaデータベースのテーブル一覧を表示

```
mysql> SHOW TABLES;  ←── 入力して Enter キーを押す
+---------------------------------------+
| Tables_in_information_schema          |
+---------------------------------------+
| CHARACTER_SETS                        |
| COLLATIONS                            |
| COLLATION_CHARACTER_SET_APPLICABILITY |

            …中略…

| INNODB_SYS_COLUMNS                    |
| INNODB_SYS_FOREIGN                    |
| INNODB_SYS_TABLESTATS                 |
+---------------------------------------+
61 rows in set (0.00 sec)
```

2-3 データベースの作成

- 学習用のデータベースを作成する
- 作成したデータベースにテーブルを追加する
- テーブルにデータを追加し学習の準備をする

今度は新しいデータベースを作ってみることにします。MySQL にもともと用意されているデータベースは、MySQL のシステム側で用途が決められており、通常は使用しません。そのため、目的にあわせたオリジナルのデータベースを作成する必要があります。

データベースの作成には CREATE DATABASE 文を使います。書式は次のとおりです。

● CREATE DATABASE文の書式

```
CREATE DATABASE データベース名;
```

新しいデータベースを作る前に、もう一度存在するデータベースを確認してみましょう。

Sample204（データベースの確認①）

```
01  SHOW DATABASES;
```

● 実行結果

```
+--------------------+
| Database           |
+--------------------+
| information_schema |
| mysql              |
| performance_schema |
| sys                |
+--------------------+
4 rows in set (0.00 sec)
```

それでは、新しく「school データベース」を作成します。以下の SQL クエリを入力して、実行してみましょう。

Sample205（schoolデータベースを作成する）

```
01  CREATE DATABASE school;
```

この SQL クエリを実行すると、結果が返されます。

● **実行結果**

```
mysql> CREATE DATABASE school;     ← 入力して Enter キーを押す
Query OK, 1 row affected (0.02 sec)
```

データベースの作成に成功すると「Query OK, 1 row affected」と表示されます。再びデータベースの一覧を表示してみましょう。

Sample206（データベースの確認②）

```
01  SHOW DATABASES;
```

● **実行結果**

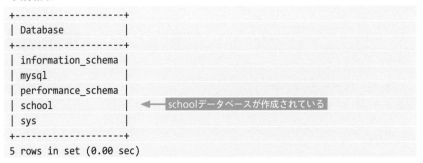

```
+--------------------+
| Database           |
+--------------------+
| information_schema |
| mysql              |
| performance_schema |
| school             |    ← schoolデータベースが作成されている
| sys                |
+--------------------+
5 rows in set (0.00 sec)
```

school データベースが作成されたことが確認できます。

◉ CREATE DATABASEのエラー

なお、すでに存在しているデータベースと同じ名前のデータベースを作成しようとするとエラーになります。

● エラーになる場合

```
mysql> CREATE DATABASE school;    ◀━ すでに存在するデータベース名で作成
ERROR 1007 (HY000): Can't create database 'school'; database exists
```

> **注意** すでに存在するデータベースと同じ名前のデータベースを作成しようとするとエラーになります。

◉ デフォルトデータベースを変更する

次に、作成した school データベースをデフォルトデータベースにして、テーブルの一覧を確認してみましょう。

Sample207（デフォルトデータベースをschoolデータベースに切り替える）
```
01  USE school;
```

Sample208（schoolデータベースのテーブル一覧を表示する）
```
01  SHOW TABLES;
```

● 実行結果

```
mysql> USE school;    ◀━ 入力して Enter キーを押す
Database changed
mysql> SHOW TABLES;   ◀━ 入力して Enter キーを押す
Empty set (0.01 sec)
```

実行結果からわかるとおり「Empty set」と表示されます。これはこのデータベース内にテーブルが存在しないことを意味します。

このように、**作ったばかりのデータベースにはテーブルが存在しません**。

> **重要** 新しく作ったデータベースには、最初はテーブルが存在しません。

データベースを削除する

作成したデータベースは、DROP DATABASE 文で削除できます。データベース内のテーブルごと削除するため、データベースを削除する場合は削除しても問題ないか確認してから行いましょう。

● DROP DATABASE文の書式

```
DROP DATABASE データベース名;
```

schoolデータベースを削除

DROP DATABASE 文で、作成した school データベースを削除します。

Sample209（schoolデータベースを削除）
```
01  DROP DATABASE school;
```

● 実行結果
```
mysql> DROP DATABASE school;  ◀── 入力して Enter キーを押す
Query OK, 0 rows affected (0.04 sec)
```

「Query OK」と表示されれば、削除は成功です。試しに「SHOW DATABASES;」を実行して、現在のデータベース一覧を表示してみましょう。

Sample210（データベースの確認③）
```
01  SHOW DATABASES;
```

● 実行結果

```
+--------------------+
| Database           |
+--------------------+
| information_schema |
| mysql              |
| performance_schema |
| sys                |
+--------------------+
4 rows in set (0.00 sec)
```

school データベースが削除されていることがわかります。

気を付けなくてはならないのが、**DROP DATABASE 文を使うことで、もともと MySQL で用意されているデータベースも削除できてしまうことです。**誤って削除しないように、SQL クエリの内容には気を付けましょう。

> DROP DATABASE 文で、もともとある MySQL のデータベースを消さないようにしましょう。

注意

◉ DROP DATABASEのエラー

なお、すでに削除してしまったデータベースや、存在しないデータベースを削除しようとした場合には、エラーが発生します。

● DROP DATABASEで発生するエラー

```
mysql> DROP DATABASE school;   ◀── 入力して Enter キーを押す
ERROR 1008 (HY000): Can't drop database 'school'; database doesn't exist
```

> 存在しないデータベースを削除しようとするとエラーが発生します。

注意

例題 2-2 ★ ☆ ☆

以下の手順の操作を MySQL で実行しなさい。

(1) customer データベースを作成しなさい。
(2) データベース一覧を表示し、customer データベースが存在することを確認しなさい。
(3) デフォルトデータベースを customer データベースにしなさい。
(4) customer データベースのテーブル一覧を表示し、テーブルが存在しないことを確認しなさい。
(5) customer データベースを削除しなさい。
(6) データベース一覧を表示し、customer データベースが削除されたことを確認しなさい。

 解答例と解説

(1)「CREATE DATABASE customer;」で、customer データベースを作成します。

- (1) の実行結果

```
mysql> CREATE DATABASE customer;  ←── 入力して Enter キーを押す
Query OK, 1 row affected (0.03 sec)
```

(2)「SHOW DATABASES;」で、データベース一覧を表示できます。

- (2) の実行結果

```
mysql> SHOW DATABASES;  ←── 入力して Enter キーを押す
+--------------------+
| Database           |
+--------------------+
| information_schema |
| customer           |  ←── 「customer」データベースが作成されている
| mysql              |
| performance_schema |
| sys                |
```

```
+--------------------+
5 rows in set (0.00 sec)
```

（3）「USE customer;」で、デフォルトデータベースを customer データベースに切り替えます。

● （3）の実行結果

```
mysql> USE customer;    ←── 入力して Enter キーを押す
Database changed
```

（4）「SHOW TABLES;」で、データベース内のテーブル一覧を表示できます。

● （4）の実行結果

```
mysql> SHOW TABLES;    ←── 入力して Enter キーを押す
Empty set (0.00 sec)
```

（5）「DROP DATABASE customer;」で、customer データベースを削除できます。

● （5）の実行結果

```
mysql> DROP DATABASE customer;    ←── 入力して Enter キーを押す
Query OK, 0 rows affected (0.02 sec)
```

（6）「SHOW DATABASES;」を入力するとデータベース一覧を表示できます。一覧に「customer」が存在しないことがわかります。

● （6）の実行結果

```
mysql> SHOW DATABASES;    ←── 入力して Enter キーを押す
+--------------------+
| Database           |
+--------------------+
| information_schema |
| mysql              |
| performance_schema |
| sys                |
+--------------------+
4 rows in set (0.00 sec)
```

3 テーブルの作成から データの検索まで

- ❯ 作成したデータベースに新しいテーブルを作成する
- ❯ 作成したテーブルにデータを追加する
- ❯ テーブルの内容を確認する

3-1 テーブルの作成

POINT

- ・新しいテーブルを作成する
- ・作成したテーブルにデータを流し込む
- ・データの内容を確認する

テーブルの作成からデータの追加まで

　次は、新規データベースの作成、新規テーブルの作成、テーブルへのデータ追加を一度に行ってみましょう。これらの一連の作業は、次の SQL クエリで行います。

Data201.sql

```
01  # schoolデータベースを作成する
02  CREATE DATABASE school;
03
04  # デフォルトデータベースをschoolデータベースに切り替える
05  USE school;
06
07  # studentテーブルを作成する
08  CREATE TABLE student(
09      id      INT PRIMARY KEY,
10      name    VARCHAR(128),
11      grade   INT
```

```
12  );
13
14  # データを追加する
15  INSERT INTO student (id, name, grade) VALUES (1001, '山田太郎', 1);
16  INSERT INTO student (id, name, grade) VALUES (2001, '太田隆', 2);
17  INSERT INTO student (id, name, grade) VALUES (3001, '林敦子', 3);
18  INSERT INTO student (id, name, grade) VALUES (3002, '市川次郎', 3);
```

　これらの SQL クエリは手入力をしても問題ありませんが、入力を間違えた場合、あとから変更するのは一苦労です。そのため、サンプルファイルに記載している SQL クエリをコピー＆ペーストして実行しましょう。

　本書が提供するサンプルファイルは、2 ページに記載している URL のサイトから入手できるので、ダウンロードしてください。1 つ 1 つ実行する SQL クエリは、日程ごとに「●日目 _SQL クエリ .txt」というファイルにまとめてあります。一括で実行をしてほしい SQL クエリは、「Data ●●● .sql」という形式のファイルになっています。ここでは、「Data201.sql」に記載している SQL クエリをコピー＆ペーストして実行します。

◉ サンプルファイルのSQLクエリを実行する

　メモ帳などのテキストエディタを開き、sql ファイルを開きます。その際、「Data201.sql」があるフォルダを開き、メモ帳などのテキストエディタに sql ファイルをドラッグ＆ドロップすると簡単です。

● Data201.sqlをメモ帳で開く

　sql ファイルを開いたら、すべてを選択してコピーします。このとき、Ctrl＋A キーを押して全テキストを選択し、Ctrl＋C キーを押してコピーしましょう。

　MySQL を起動している状態でコマンドプロンプトに、Ctrl＋V キーを押して SQL クエリを貼り付けます。貼り付けが完了したら、Enter キーを押します。すると、

次のような実行結果になります。

● sqlファイルの内容をコピー＆ペーストして実行した状態

```
mysql> # schoolデータベースを作成する
mysql> CREATE DATABASE school;
Query OK, 1 row affected (0.00 sec)

        ...中略...

mysql> INSERT INTO student (id, name, grade) VALUES (3002, '市川次郎', 3);
Query OK, 1 row affected (0.01 sec)

mysql>
```

Data201.sql の SQL クエリを実行すると、school データベース、student テーブルが作成され、INSERT 文でデータが追加されます。

では、追加されたデータの内容はどのように確認するのでしょうか？　以下の SQL クエリを実行してみてください。

Sample211
```
01  SELECT * FROM student;
```

実行すると、次のような結果が得られます。

● studentテーブルのデータを確認する

```
mysql> SELECT * FROM student;  ←── 入力して Enter キーを押す
+------+-----------+-------+
| id   | name      | grade |
+------+-----------+-------+
| 1001 | 山田太郎   |     1 |
| 2001 | 太田隆     |     2 |
| 3001 | 林敦子     |     3 |
| 3002 | 市川次郎   |     3 |
+------+-----------+-------+
4 rows in set (0.00 sec)
```

処理の流れ

ここで Data201.sql の SQL クエリについて、あらためて説明します。

まず school データベースを作成し、デフォルトデータベースに切り替えています。

◎ テーブルの生成

すでに説明したとおり、MySQL には複数のデータベースが存在し、データベースの中に複数のテーブルを定義できるようになっています。

Data201.sql の 8 ～ 12 行目で、CREATE 文を使って新しいテーブルを作成しています。CREATE TABLE のあとにテーブル名を記述し、続けて ( ) 内にカラムの定義を記述します。

● CREATE TABLEの書式例

```
CREATE TABLE テーブル名 (
    カラム名1 データ型 オプション,
    カラム名2 データ型 オプション,
    ...
);
```

カラムの定義は、カラムの名前とデータ型、カラムのオプションの組み合わせになります。オプションでは、カラムをインデックスに指定する場合、インデックスの種類を設定できます。ほかにも文字コードの設定や初期値および制約もオプションとして設定可能です。

なお、制約とは格納できる値のルールを定め、データ入力時にはそのルールと照合し、ルール違反のデータは格納できないようにする機能のことです。制約など、これらのオプションに対する詳しい説明は 5 日目と 6 日目で行います。

school テーブルのカラムの定義は次のとおりです。

● studentテーブルのカラムの定義

カラム名	データ型	制約
id	INT	主キー（PRIMARY KEY）
name	VARCHAR(128)	なし
grade	INT	なし

　このうち id カラムは、主キー制約を付けます。**主キー制約とは、同一カラム内で値が重複しないように制限を設ける制約です**。このような制約を受けたカラムを主キーといいます。

　学生番号は学生を特定するために振られる番号なので、通常重複はしません。そこで、id カラムに主キー制約を付け、誤って重複した学生番号が登録されないようにします。

　逆に、学校では同姓同名の生徒がいる可能性があるため、name カラムに主キー制約は付けないほうがよいでしょう。

● 主キーの概念

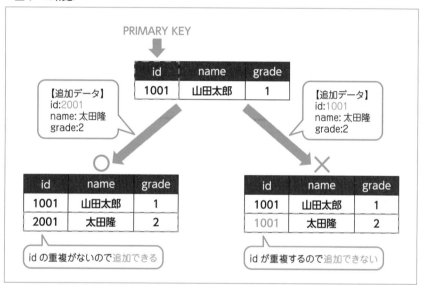

◉ テーブルへのデータ追加

　続く、15 ～ 18 行目で作成したテーブルにデータを追加しています。

　テーブルにデータを追加するには INSERT 文を使います。書式は次のとおりです。

● INSERTの書式例①

```
INSERT INTO テーブル名 (カラム名1, カラム名2, ...) VALUES (値1, 値2, ...);
```

　テーブル名のあとの ( ) にはカラム名、VALUES のあとの ( ) にはカラムに入れる値を入れることで、カラム名 1 に値 1、カラム名 2 に値 2、... という形でデータが入り

ます。

　なお、デフォルトデータベースではないデータベースのテーブルにデータを追加する場合は、テーブル名を「データベース名 . テーブル名」という書式で指定します。

　Data201.sql の INSERT 文を見てみましょう。

● studentテーブルへのデータ追加

```
15  INSERT INTO student (id, name, grade) VALUES (1001, '山田太郎', 1);
```

　この SQL クエリでは、student テーブルの「id」カラムに「1001」、「name」カラムに「山田太郎」、「grade」カラムに「1」が入ります。

　以降の SQL クエリでもデフォルトデータベースのテーブルを操作する場合は、特定の操作（147、169 ページ参照）を除いてデータベース名は省略します。

● studentテーブルへのデータ追加

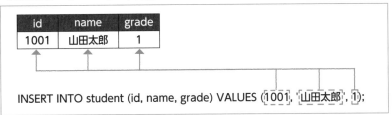

　データを追加するテーブルには、通常、複数のカラムが存在しています。データを追加するときに値を入れたいカラム名を列挙し、そのカラムの数だけ値を指定します。テーブルの中で値が指定されなかったカラムにはデフォルトの値が格納されます。

　またテーブルの全カラムに値を入れる場合は、次のようにカラム名の記述を省略できます。

● INSERTの書式②

```
INSERT INTO テーブル名 VALUES (値1, 値2, ...);
```

◉ コメント

　このサンプルの中には、# ではじまる行がいくつかあります。これは、**コメント**と呼ばれるもので、それ自体には意味がありませんが、SQL クエリを見やすくするために、注釈のような説明文を記述しています。

MySQL では、複数種類のコメントを用いることができます。

● MySQLで用いることができるコメント

種類	内容
#	行末までのコメント
--	行末までのコメント（--のあとは半角スペースが必須）
/*から*/	改行を許容するコメント

SELECT 文

student テーブルには、id、name、grade というカラムがあり、それぞれに INSERT 文でデータが追加されています。テーブルから全レコードを取得する場合は、SELECT 文を使って次のように記述します。

● テーブル内の全レコードを取得

```
SELECT * FROM テーブル名;
```

続いて、この SELECT 文をさらに使いこなし、データをより細かく表示する方法についてみてみましょう。

◉ テーブル内の特定のカラムの情報を取得する

テーブル内の特定のカラムのデータを取得するには、次のように行います。

● テーブル内の特定のカラムの情報を取得

```
SELECT カラム名1, カラム名2, .... FROM テーブル名;
```

カラム名を列挙する部分に、名前の代わりに *（アスタリスク）を入れると、指定したテーブルのすべてのカラムが選択されます。

この SELECT 文は、データベースの中でもっとも頻繁に利用する命令であり、さまざまな記述方法があります。ほかの記述方法については、のちほど詳しく説明していくものとします。

ここでは、基本的な使用例の紹介にとどめておきます。

Sample212（id、nameカラムのみを取得する）
```
01 SELECT id, name FROM student;
```

この SQL クエリの実行結果は次のとおりです。

● id、nameカラムのみの取得

```
mysql> SELECT id, name FROM student;    ← 入力して Enter キーを押す
+------+----------+
| id   | name     |
+------+----------+
| 1001 | 山田太郎 |
| 2001 | 太田隆   |
| 3001 | 林敦子   |
| 3002 | 市川次郎 |
+------+----------+
4 rows in set (0.00 sec)
```

このように、SELECT 文でテーブルの全体、もしくは一部を切り取って取得したデータを結果として得られます。

SELECT 文の使い方はこれだけではありません。詳しくは 3 日目以降に説明します。

3-2 テーブルの削除

POINT

- テーブルを削除する方法について学習する
- テーブルが削除されたことを確認する

テーブルを削除する

作成したテーブルは、DROP TABLE 文で削除できます。テーブルを削除する場合は、削除しても問題ないかを確認してから行いましょう。

● DROP TABLEの書式例

```
DROP TABLE テーブル名;
```

◉ studentテーブルを削除

DROP TABLE 文を使って、作成した student テーブルを削除します。その前に、現在 school データベースに存在するテーブルの一覧を表示してみましょう。

Sample213（schoolデータベースのテーブルを確認）
```
01 SHOW TABLES;
```

● 実行結果
```
+------------------+
| Tables_in_school |
+------------------+
| student          |
+------------------+
1 row in set (0.00 sec)
```

続いて、DROP TABLE で student テーブルを削除してみます。

Sample214（studentテーブルを削除）
```
01 DROP TABLE student;
```

● 実行結果
```
Query OK, 0 rows affected (0.01 sec)
```

そのあと、再び school データベースのテーブルを確認してみます。

Sample215（schoolデータベースのテーブルを確認）
```
01 SHOW TABLES;
```

● 実行結果
```
Empty set (0.00 sec)
```

何も存在しないことを表す「Empty set」が表示されれば、student テーブルは削除され、school データベースにテーブルが存在しない状態です。

なお、**student テーブルは以降の学習でも使いますので、Data201.sql（詳細は74 ページ）の 8 〜 18 行目にある SQL クエリを実行して、復活させておいてください。**

4 練習問題

▶ 正解は 295 ページ

問題 2-1 ★ ☆ ☆

次の命令文はどのような目的で使用するか、解答群の中から選びなさい。

（1）CREATE DATABASE

（2）USE

（3）CREATE TABLE

（4）DROP TABLE

（5）DROP DATABASE

【解答群】

a：データベースを生成する

b：データベースを削除する

c：テーブルを作成する

d：テーブルを削除する

e：デフォルトデータベースを変更する

問題 2-2 ★ ☆ ☆

次の処理を実行する SQL の命令文は何か答えなさい。

（1）テーブルにデータを追加する
（2）テーブルのデータを検索する

 問題 2-3 ★ ★ ☆

　次の実行結果は、school データベースの student テーブルを出力した結果である。同様の結果を得られる SQL クエリを作成しなさい。

● **期待される実行結果**

```
+----------+-------+------+
| name     | grade | id   |
+----------+-------+------+
| 山田太郎 |     1 | 1001 |
| 太田隆   |     2 | 2001 |
| 林敦子   |     3 | 3001 |
| 市川次郎 |     3 | 3002 |
+----------+-------+------+
4 rows in set (0.00 sec)
```

3日目

SELECT 文

1 SELECT文の使い方

- SELECT文のさまざまな使い方を学習する
- 条件付きの検索方法を学習する

1-1 さまざまな SELECT 文の使い方

- NOT NULL 制約について学習する
- SELECT 文でエイリアスを使う

● 新しいテーブルを追加する

3日目では、2日目で学習した SELECT 文について、さらに詳しく説明します。まずは school データベースに、次の構造を持った resource テーブルを作成して、データを追加しましょう。

● resourceテーブルの構造

項目	カラム名	データ型	制約
商品コード	code	CHAR(6)	PRIMARY KEY
商品名	name	VARCHAR(40)	NOT NULL
分類	class	CHAR(4)	NOT NULL
定価	price	INT	NOT NULL

商品コードは商品を特定するための情報なので、主キー（PRIMARY KEY）とします。テキストや問題集など商品の分類を表す情報を文字列、価格は整数として扱います。

◉ NOT NULL制約

ここではじめて出現するのが __NOT NULL__ という制約です。

NOT NULL とは文字どおり「NULL ではない」ことを表し、**対象のカラムはデータの設定が必須です**。通常、MySQL のフィールドは NULL であっても構わないのですが、NOT NULL 制約が設定されている場合は許されません。

なお、**主キー制約は、暗黙的に NOT NULL 制約が含まれています**。考えてみれば当たり前のことで、主キーに設定されたカラムは、データを特定するための目印のようなものなので、NULL が入ることはあり得ないわけです。

> 主キー制約は、暗黙的に NOT NULL 制約が含まれています。

注意

◉ テーブルに追加するデータ

resource テーブルには次のデータを追加します。

● resourceテーブルのデータ

code	name	class	price
100001	英語テキスト	text	2500
100002	数学テキスト	text	2700
100003	国語テキスト	text	3000
100101	英語DVD	mdvd	3000
100102	数学学習ソフト	sftw	4900
100103	英語学習ソフト	sftw	5400
100201	国語副読本	sbtx	1200
100202	英語問題集	pbbk	2500
100203	数学問題集	pbbk	2800
100C01	英語辞書	dict	8200

code カラムには商品を特定するための商品コードを入れるので、重複は許されません。name カラムには最大 40 文字の商品名が記入されています。分類である class カラムは固定 4 文字であり、それぞれ次のように表現しています。

● 分類一覧

分類	意味
text	テキスト
sbtx	副読本
pbbk	問題集
dict	辞書
mdvd	DVD
sftw	ソフトウェア

◎ resourceテーブルを作成する

resource テーブルを作成し、データを追加しましょう。2日目のData201.sql（74ページ参照）と同様に、Data301.sql から SQL クエリをコピー＆ペーストして、実行してください。

Data301.sql

```
01  # デフォルトデータベースをschoolデータベースに切り替える
02  USE school;
03
04  # resourceテーブルを作成する
05  CREATE TABLE resource(
06      code        CHAR(6) PRIMARY KEY,
07      name        VARCHAR(40) NOT NULL,
08      class       CHAR(4) NOT NULL,
09      price       INT NOT NULL
10  );
11
12  # データを追加する
13  INSERT INTO resource VALUES ('100001', '英語テキスト', 'text', 2500);
14  INSERT INTO resource VALUES ('100002', '数学テキスト', 'text', 2700);
15  INSERT INTO resource VALUES ('100003', '国語テキスト', 'text', 3000);
16  INSERT INTO resource VALUES ('100101', '英語DVD', 'mdvd', 3000);
17  INSERT INTO resource VALUES ('100102', '数学学習ソフト', 'sftw', 4900);
18  INSERT INTO resource VALUES ('100103', '英語学習ソフト', 'sftw', 5400);
19  INSERT INTO resource VALUES ('100201', '国語副読本', 'sbtx', 1200);
20  INSERT INTO resource VALUES ('100202', '英語問題集', 'pbbk', 2500);
21  INSERT INTO resource VALUES ('100203', '数学問題集', 'pbbk', 2800);
22  INSERT INTO resource VALUES ('100C01', '英語辞書', 'dict', 8200);
```

◉ データの確認

SQL クエリの実行後に、データを確認してみましょう。まずは、school データベースに resource テーブルができているかを確認します。

● テーブルの確認

```
mysql> USE school;          ← 入力して Enter キーを押す
Database changed
mysql> SHOW TABLES;         ← 入力して Enter キーを押す
+------------------+
| Tables_in_school |
+------------------+
| resource         |
| student          |
+------------------+
2 rows in set (0.01 sec)
```

resource テーブルのデータは、次の SQL クエリで確認しましょう。

Sample301
```
01  SELECT * FROM resource;
```

データの追加が成功している場合、次のような実行結果が得られます。

● 実行結果

```
+--------+----------------+-------+-------+
| code   | name           | class | price |
+--------+----------------+-------+-------+
| 100001 | 英語テキスト    | text  | 2500  |
| 100002 | 数学テキスト    | text  | 2700  |
| 100003 | 国語テキスト    | text  | 3000  |
| 100101 | 英語DVD        | mdvd  | 3000  |
| 100102 | 数学学習ソフト  | sftw  | 4900  |
| 100103 | 英語学習ソフト  | sftw  | 5400  |
| 100201 | 国語副読本      | sbtx  | 1200  |
| 100202 | 英語問題集      | pbbk  | 2500  |
| 100203 | 数学問題集      | pbbk  | 2800  |
| 100C01 | 英語辞書        | dict  | 8200  |
+--------+----------------+-------+-------+
10 rows in set (0.00 sec)
```

● エイリアス

テーブルの内容をわかりやすく表示する際に役立つ**エイリアス（alias）**について学習します。

エイリアスとは、カラムやテーブルに付ける別名のことです。resource テーブルは、商品コード（code）、商品名（name）、分類（class）、価格（price）の情報がまとめられています。しかし、カラム名を半角英数字で設定したため、実行結果がわかりにくいと思う方がいるかもしれません。そこで、実行結果に表示されるカラム名に別の名前を付けてみましょう。

次の SQL クエリを実行してください。

Sample302
```
01  SELECT
02    code AS '商品コード',
03    name AS '商品名',
04    class AS '分類',
05    price AS '価格'
06  FROM resource;
```

● 実行結果

```
+------------+----------------+------+------+
| 商品コード | 商品名         | 分類 | 価格 |
+------------+----------------+------+------+
| 100001     | 英語テキスト   | text | 2500 |
| 100002     | 数学テキスト   | text | 2700 |
| 100003     | 国語テキスト   | text | 3000 |
| 100101     | 英語DVD        | mdvd | 3000 |
| 100102     | 数学学習ソフト | sftw | 4900 |
| 100103     | 英語学習ソフト | sftw | 5400 |
| 100201     | 国語副読本     | sbtx | 1200 |
| 100202     | 英語問題集     | pbbk | 2500 |
| 100203     | 数学問題集     | pbbk | 2800 |
| 100C01     | 英語辞書       | dict | 8200 |
+------------+----------------+------+------+
10 rows in set (0.00 sec)
```

実行結果からわかるとおり、カラム名がすべて日本語に変わっています。このように、**AS 句を使ってカラム名にエイリアス（別の名前）を付けることができます。**

なお、エイリアスを付ける書式は次のとおりです。

● エイリアスを付ける書式例

```
SELECT カラム名1 AS 別名1, カラム名2 AS 別名2, ... FROM テーブル名;
```

　この処理により、カラム名 1 は別名 1、カラム名 2 は別名 2 と別の名前を付けられます。

　なお、エイリアスを付けられるのはカラムだけではなく、テーブルにも付けられます。詳細はのちほど説明します。

用語

エイリアス（alias）
カラム名やテーブル名に付ける別名のこと

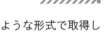

例題 3-1 ★ ☆ ☆

　SELECT 文とエイリアスを活用して、student テーブルを次のような形式で取得しなさい。

● 期待される実行結果

```
+----------+------+----------+
| 学生番号 | 学年 | 名前     |
+----------+------+----------+
|     1001 |    1 | 山田太郎 |
|     2001 |    2 | 太田隆   |
|     3001 |    3 | 林敦子   |
|     3002 |    3 | 市川次郎 |
+----------+------+----------+
```

 解答例と解説

　まずは student テーブルを確認してみましょう。

student テーブルを確認する SQL クエリ
```
01 SELECT * FROM student;
```

● 実行結果（studentテーブルの全レコード）

```
+------+----------+-------+
| id   | name     | grade |
+------+----------+-------+
| 1001 | 山田太郎 |     1 |
| 2001 | 太田隆   |     2 |
| 3001 | 林敦子   |     3 |
| 3002 | 市川次郎 |     3 |
+------+----------+-------+
```

　期待される実行結果と student テーブルを比較すると、もとのカラムの並び順は id、name、grade なので順番が入れ替わっていることがわかります。

　また、id が「学生番号」、name が「名前」、grade が「学年」という表示に変わっています。

　このことから、AS 句を使った次のような SQL クエリになります。

例題3-1のSQLクエリ

```
01  SELECT
02    id AS '学生番号',
03    grade AS '学年',
04    name AS '名前'
05  FROM student;
```

　この際、表示したい順番でカラム名を列挙することで、カラムの並び順を変更することができます。

2 演算処理

- SELECT 文でさまざまな演算処理を行う
- テーブルの数値を使って演算を行う

次は、MySQL で**演算処理**を行ってみましょう。

演算とは、コンピュータ上で行う計算処理のことです。算術演算、数値の大小を比較する比較演算、論理演算などの種類があります。私たちが普段行う加減乗除の計算は、算術演算に該当します。

また、演算で使用する記号のことを**演算子（えんざんし）**と呼びます。

用語

演算
コンピュータ上で行う計算処理
演算子
演算に使用する記号

ここでは算術演算の方法について説明します。MySQL で使う算術演算子は次の表のとおりです。

● MySQLの算術演算子

演算子	使用例	意味
+	a + b	aにbを加える
-	a - b	aからbを引く
*	a * b	aにbを掛ける
/	a / b	aをbで割る
DIV	a DIV b	aをbで割る（整数除算）
%	a % b	aをbで割った余り
MOD	a MOD b	aをbで割った余り

◉ 単純な算術演算

SELECT 文で簡単な算術演算を行います。通常、SELECT 文はテーブル操作を行うための命令ですが、演算に関してはテーブルを指定しなくても実行できます。

まずは足し算から試してみましょう。

Sample303
```
01  SELECT 1 + 2;
```

● 実行結果
```
+-------+
| 1 + 2 |
+-------+
|     3 |
+-------+
1 row in set (0.00 sec)
```

実行結果は、テーブルに対して SELECT 文を使ったときと同じように、表形式で表示されます。

複数の演算を同時に行う場合は、「,」で式の間を区切ります。

Sample304
```
01  SELECT 5 + 2, 5 - 2, 5 * 2, 5 DIV 2, 5 % 2, 5 / 2;
```

● 実行結果
```
+-------+-------+-------+---------+-------+--------+
| 5 + 2 | 5 - 2 | 5 * 2 | 5 DIV 2 | 5 % 2 | 5 / 2  |
+-------+-------+-------+---------+-------+--------+
|     7 |     3 |    10 |       2 |     1 | 2.5000 |
+-------+-------+-------+---------+-------+--------+
1 row in set (0.00 sec)
```

このサンプルでは、5 と 2 の加減乗除の計算を行っています。

除算に関しては、整数による除算（DIV）と余りの計算（%）、実数による除算（/）を行っています。

◉ 演算子の優先順位

計算は左から順番に行いますが、演算子には優先順位があります。例えば、算術演算子の場合、+ 演算子と - 演算子より、* 演算子と / 演算子のほうが優先順が高いです。

しかし、( ) を使うことで計算する順番を変えることができます。

Sample305

```
01 SELECT 1 + 2 * 3, (1 + 2) * 3;
```

● 実行結果

```
+-----------+-------------+
| 1 + 2 * 3 | (1 + 2) * 3 |
+-----------+-------------+
|         7 |           9 |
+-----------+-------------+
1 row in set (0.00 sec)
```

実行結果からわかるとおり、「1 + 2 * 3」は、2*3 の計算を行ってから 1 を足すので、7 になります。

それに対し、「(1 + 2) *3」は、( ) 内の 1+2 の計算を先に行ってから 3 を掛けるので、結果は 9 になります。

● 演算子の優先順位と( )

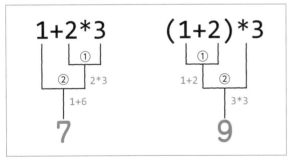

なお、MySQL の演算子の優先順位は次のとおりです。優先順位が同じ演算子は、式の左から順番に計算を行います。

- MySQLの演算子の優先順位

優先順位	演算子
1	INTERVAL
2	BINARY、COLLATE
3	!
4	-（マイナス符号）、~（ビット反転）
5	^
6	*、/、DIV、%、MOD
7	-、+
8	<<、>>
9	&
10	|
11	=（比較）、<=>、>=、>、<=、<、<>、!=、IS、LIKE、REGEXP、IN
12	BETWEEN、CASE、WHEN、THEN、ELSE
13	NOT
14	&&、AND
15	XOR
16	||、OR
17	=（代入）、:=

注意

演算子には優先順位があるため、使用する際には順序に注意する必要があります。

通常のテーブルに演算を適用する

実際のテーブルに保存している情報に対して演算を行ってみましょう。resource テーブルには、商品や価格などの情報がまとめられています。

税率を 10% として税込み価格を求め、SELECT 文を使った SQL クエリで税込み価格を表示させてみましょう。

Sample306
```
01  SELECT code, name, class, price, price * 1.1 FROM resource;
```

• 実行結果
```
+--------+----------------+-------+-------+-------------+
| code   | name           | class | price | price * 1.1 |
+--------+----------------+-------+-------+-------------+
| 100001 | 英語テキスト    | text  | 2500  |      2750.0 |
| 100002 | 数学テキスト    | text  | 2700  |      2970.0 |
| 100003 | 国語テキスト    | text  | 3000  |      3300.0 |
| 100101 | 英語DVD         | mdvd  | 3000  |      3300.0 |
| 100102 | 数学学習ソフト  | sftw  | 4900  |      5390.0 |
| 100103 | 英語学習ソフト  | sftw  | 5400  |      5940.0 |
| 100201 | 国語副読本      | sbtx  | 1200  |      1320.0 |
| 100202 | 英語問題集      | pbbk  | 2500  |      2750.0 |
| 100203 | 数学問題集      | pbbk  | 2800  |      3080.0 |
| 100C01 | 英語辞書        | dict  | 8200  |      9020.0 |
+--------+----------------+-------+-------+-------------+
10 rows in set (0.00 sec)
```

resource テーブルの最後に、「price * 1.1」という名前のカラムが追加され、price カラムの 1.1 倍の値が表示されます。

しかし、これでは少しわかりにくいので、エイリアスでカラム名を変更してみることにします。

Sample307
```
01  SELECT
02    code AS '商品コード',
03    name AS '商品名',
04    class AS '分類',
05    price AS '価格',
06    price * 1.1 AS '税込み価格'
07  FROM resource;
```

● 実行結果

```
+------------+----------------+------+------+------------+
| 商品コード | 商品名         | 分類 | 価格 | 税込み価格 |
+------------+----------------+------+------+------------+
| 100001     | 英語テキスト   | text | 2500 |     2750.0 |
| 100002     | 数学テキスト   | text | 2700 |     2970.0 |
| 100003     | 国語テキスト   | text | 3000 |     3300.0 |
| 100101     | 英語DVD        | mdvd | 3000 |     3300.0 |
| 100102     | 数学学習ソフト | sftw | 4900 |     5390.0 |
| 100103     | 英語学習ソフト | sftw | 5400 |     5940.0 |
| 100201     | 国語副読本     | sbtx | 1200 |     1320.0 |
| 100202     | 英語問題集     | pbbk | 2500 |     2750.0 |
| 100203     | 数学問題集     | pbbk | 2800 |     3080.0 |
| 100C01     | 英語辞書       | dict | 8200 |     9020.0 |
+------------+----------------+------+------+------------+
10 rows in set (0.00 sec)
```

　今度は各カラムが何を指すのかがわかりやすくなり、大変見やすくなりました。

例題 3-2 ★ ☆ ☆

SELECT 文と演算およびエイリアスを活用し、resource テーブルから次の実行結果と同様の結果が得られる SQL クエリを作成しなさい。

なお、税率は 10% とする。

• **期待される実行結果**

```
+------------+-----------------+------+------+-------+------------+
| 商品コード | 商品名          | 分類 | 価格 | 税金  | 税込み価格 |
+------------+-----------------+------+------+-------+------------+
| 100001     | 英語テキスト    | text | 2500 | 250.0 |     2750.0 |
| 100002     | 数学テキスト    | text | 2700 | 270.0 |     2970.0 |
| 100003     | 国語テキスト    | text | 3000 | 300.0 |     3300.0 |
| 100101     | 英語DVD         | mdvd | 3000 | 300.0 |     3300.0 |
| 100102     | 数学学習ソフト  | sftw | 4900 | 490.0 |     5390.0 |
| 100103     | 英語学習ソフト  | sftw | 5400 | 540.0 |     5940.0 |
| 100201     | 国語副読本      | sbtx | 1200 | 120.0 |     1320.0 |
| 100202     | 英語問題集      | pbbk | 2500 | 250.0 |     2750.0 |
| 100203     | 数学問題集      | pbbk | 2800 | 280.0 |     3080.0 |
| 100C01     | 英語辞書        | dict | 8200 | 820.0 |     9020.0 |
+------------+-----------------+------+------+-------+------------+
10 rows in set (0.00 sec)
```

 解答例と解説

Sample307 に、税金を求める演算とエイリアスの設定を追加すれば完成です。税金は価格の 10% なので、price カラムの値に 0.1 を掛けた結果が税金となります。

例題3-2のSQLクエリ

```
01  SELECT
02    code AS '商品コード',
03    name AS '商品名',
04    class AS '分類',
05    price AS '価格',
06    price * 0.1 AS '税金',
07    price * 1.1 AS '税込み価格'
08  FROM resource;
```

数値関数による演算

- 関数を使って演算を行う
- 数値に関する主な関数の使い方を学ぶ

　関数とは、MySQL にあらかじめ用意された処理のことで、何らかの入力に対して出力（結果）を得られます。MySQL には多くの関数が用意されています。

　代表的な関数は、数値の演算を行う**数値関数**、指定したカラムや値を集計するための**集計関数**などがあります。数値関数を利用すると、さまざまな数値の演算が簡単に行えます。

　ここでは簡単な数値関数を使ってみましょう。

◎ 絶対値を求める

　ABS 関数は、数値の絶対値を求める関数です。書式は次のとおりです。

● ABS関数の書式

```
ABS(X)
```

　ABS 関数は、数値 X の絶対値を返します。X の部分を**引数（ひきすう）**といい、一般的に関数に渡す値のことを指します。次の SQL クエリで確認してみましょう。

Sample308
```
01 SELECT ABS(-10), ABS(10);
```

● 実行結果

```
+----------+---------+
| ABS(-10) | ABS(10) |
+----------+---------+
|       10 |      10 |
+----------+---------+
1 row in set (0.00 sec)
```

実行結果から、-10 と 10 の絶対値はどちらも 10 であることがわかります。

◉ 桁をそろえる

関数の中でも ROUND 関数は、使用頻度が高いといえます。ROUND 関数は、数値を丸め込む関数です。書式は次のとおりです。

● ROUND関数の書式

```
ROUND(X, D)
```

X は丸め込みたい数値、D は丸め込む桁数を表します。丸め込みのアルゴリズムは、X のデータ型に依存します。D が指定されていない場合は、デフォルトで 0 が設定されます。この関数のように複数の引数を渡す場合は間を「,」で区切ります。

実際に簡単なサンプルで確認してみましょう。「150.0」という整数を ROUND 関数に渡して、さまざまなパターンで試しています。丸め込む桁数を指定しない場合、小数点以下が丸め込まれます。丸め込む桁数を 1 とした場合には小数点第 1 位まで、2 とした場合には小数点第 2 位までが表示されることがわかります。

Sample309
```
01  SELECT ROUND(150.0), ROUND(150.0, 1), ROUND(150.0, 2);
```

● 実行結果

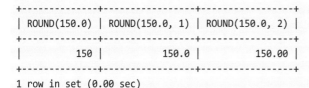
```
+---------------+------------------+------------------+
| ROUND(150.0)  | ROUND(150.0, 1)  | ROUND(150.0, 2)  |
+---------------+------------------+------------------+
|           150 |            150.0 |           150.00 |
+---------------+------------------+------------------+
1 row in set (0.00 sec)
```

MySQL の関数はこのほかにもたくさん存在しますが、必要に応じて適宜紹介していきます。

なお、数値関数には次のようなものがあります。

- MySQLの数値関数

関数	説明
ABS()	絶対値を返す
ACOS()	アークコサインを返す
ASIN()	アークサインを返す
ATAN()	アークタンジェントを返す
ATAN2()、ATAN()	2つの引数のアークタンジェントを返す
CEIL()	引数以上のもっとも小さな整数値を返す
CEILING()	引数以上のもっとも小さな整数値を返す
CONV()	数値を異なる基数間で変換する
COS()	コサインを返す
COT()	コタンジェントを返す
CRC32()	巡回冗長検査値を計算する
DEGREES()	ラジアンを角度に変換する
EXP()	累乗する
FLOOR()	引数以下のもっとも大きな整数値を返す
LN()	引数の自然対数を返す
LOG()	最初の引数の自然対数を返す
LOG10()	引数の底10の対数を返す
LOG2()	引数の底2の対数を返す
MOD()	余りを返す
PI()	円周率（π）の値を返す
POW()	指定した指数で累乗された引数を返す
POWER()	指定した指数で累乗された引数を返す
RADIANS()	ラジアンに変換された引数を返す
RAND()	ランダムな浮動小数点値を返す
ROUND()	引数を丸める
SIGN()	引数の符号を返す
SIN()	引数のサインを返す
SQRT()	引数の平方根を返す
TAN()	引数のタンジェントを返す
TRUNCATE()	指定された小数点以下の桁数に切り捨てる

1-4 条件付きの検索

- 条件を付けた検索を行う
- WHERE 句、IN 句、LIKE 句を使った検索方法を学習する

◉ WHERE句

　ここでは、さらに検索に条件を付けてみましょう。検索条件は SELECT 文のあとに<u>WHERE 句</u>を付けて条件を記述します。

　なお、WHERE 句で条件を付けて、取得するレコードを絞り込むことを<u>選択</u>といいます。

● WHERE句を使った書式

```
SELECT ... FROM テーブル名 WHERE 条件式;
```

　では、例を見てみましょう。

Sample310
```
01 SELECT name, price FROM resource WHERE class = 'text';
```

　WHERE のあとに続く「class = 'text'」は、「class カラムの値が text と等しい」という条件を表します。実行すると、class カラムの値が「text」のレコードを選択して、name カラムと price カラムの内容を表示しています。

● 実行結果

```
+--------------+-------+
| name         | price |
+--------------+-------+
| 英語テキスト  |  2500 |
| 数学テキスト  |  2700 |
| 国語テキスト  |  3000 |
+--------------+-------+
3 rows in set (0.00 sec)
```

このように、WHERE 句を使うと条件にあてはまるレコードのみ取得できます。
なお、WHERE 句の検索条件に使える比較演算子は次のとおりです。

● WHERE句で使える比較演算子

演算子	意味
=	等しい（同じ）
<	より小さい
>	より大きい
<=	以下
>=	以上
<>、!=	等しくない

重要

WHERE 句を使うと SELECT 文で条件にあてはまるレコードのみ取得
できます。

例題 3-3 ★ ★ ☆

以下の手順の操作を MySQL で実行しなさい。

(1) student テーブルから、「grade カラムの値が 3 である」レコードの id カラムと name カラムを取得しなさい。
(2) student テーブルから、「name カラムの値が山田太郎以外」のレコードをすべて取得しなさい。
(3) resource テーブルから、「price カラムの値が 3000 以上である」レコードをすべて取得しなさい。
(4) resource テーブルから、「price カラムの値が 5000 未満である」レコードの code カラムと name カラムを取得しなさい。

解答例と解説

(1) の「grade カラムの値が 3 である」という条件は、「grade = 3」と表します。

(1) のSQLクエリ
```
01 SELECT id, name FROM student WHERE grade = 3;
```

• 実行結果
```
+------+----------+
| id   | name     |
+------+----------+
| 3001 | 林敦子   |
| 3002 | 市川次郎 |
+------+----------+
2 rows in set (0.00 sec)
```

(2) の「name カラムの値が山田太郎以外」という条件は、等しくないという演算子「<>」を使い「name <> ' 山田太郎 '」と表します。

(2) のSQLクエリ
```
01 SELECT * FROM student WHERE name <> '山田太郎';
```

- **実行結果**

```
+------+-----------+-------+
| id   | name      | grade |
+------+-----------+-------+
| 2001 | 太田隆    |     2 |
| 3001 | 林敦子    |     3 |
| 3002 | 市川次郎  |     3 |
+------+-----------+-------+
3 rows in set (0.00 sec)
```

（3）では全カラムを取得したいので、SQLクエリは「SELECT * FROM resource」からはじまります。条件は「priceカラムの値が3000以上」なので、「price >= 3000」と表します。

（3）のSQLクエリ

```
01  SELECT * FROM resource WHERE price >= 3000;
```

- **実行結果**

```
+--------+-----------------+-------+-------+
| code   | name            | class | price |
+--------+-----------------+-------+-------+
| 100003 | 国語テキスト    | text  |  3000 |
| 100101 | 英語DVD         | mdvd  |  3000 |
| 100102 | 数学学習ソフト  | sftw  |  4900 |
| 100103 | 英語学習ソフト  | sftw  |  5400 |
| 100C01 | 英語辞書        | dict  |  8200 |
+--------+-----------------+-------+-------+
5 rows in set (0.00 sec)
```

（4）ではcodeカラムとnameカラムのみを取得したいので、SQLクエリは「SELECT code, name FROM resource」からはじまります。条件は「priceカラムの値が5000未満」なので、「price < 5000」と表します。

（4）のSQLクエリ

```
01  SELECT code, name FROM resource WHERE price < 5000;
```

● 実行結果

```
+--------+----------------+
| code   | name           |
+--------+----------------+
| 100001 | 英語テキスト    |
| 100002 | 数学テキスト    |
| 100003 | 国語テキスト    |
| 100101 | 英語DVD         |
| 100102 | 数学学習ソフト  |
| 100201 | 国語副読本      |
| 100202 | 英語問題集      |
| 100203 | 数学問題集      |
+--------+----------------+
8 rows in set (0.00 sec)
```

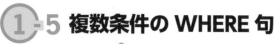 1-5 複数条件の WHERE 句

- 複数の条件を追加する方法について学習する
- AND や OR 演算子の意味を知る

条件式に「AND」や「OR」を使うと複数の条件を記述できます。

「AND」は「〜かつ〜」という意味で複数の条件が同時に成り立つ場合、「OR」は「〜か〜」という意味で複数の条件のうちどれかが成り立つ場合を指します。

なお、「AND」や「OR」も加減乗除を行う記号と同様、演算子に分類されます。

◉ ANDによる検索

例えば、resource テーブルの「price カラムの値が 3000 以上かつ 5400 未満のレコード」の name カラムと price カラムを取得する SQL クエリは、次のようになります。

Sample311

```
01  SELECT name, price FROM resource WHERE price >= 3000 AND price < 5400;
```

- 実行結果

```
+----------------+-------+
| name           | price |
+----------------+-------+
| 国語テキスト    | 3000  |
| 英語DVD        | 3000  |
| 数学学習ソフト  | 4900  |
+----------------+-------+
3 rows in set (0.00 sec)
```

● ANDによる複数の範囲指定

◉ ORによる検索

また resource テーブルから、class カラムの値が「text」か「pbbk」のいずれかに該当するレコードを取得する場合、次のような SQL クエリになります。

Sample312
```
01 SELECT * FROM resource WHERE class = 'text' OR class = 'pbbk';
```

● 実行結果

```
+--------+--------------+-------+-------+
| code   | name         | class | price |
+--------+--------------+-------+-------+
| 100001 | 英語テキスト | text  |  2500 |
| 100002 | 数学テキスト | text  |  2700 |
| 100003 | 国語テキスト | text  |  3000 |
| 100202 | 英語問題集   | pbbk  |  2500 |
| 100203 | 数学問題集   | pbbk  |  2800 |
+--------+--------------+-------+-------+
5 rows in set (0.00 sec)
```

実行結果の class カラムを見ると、「text」と「pbbk」が両方とも存在することがわかります。このように、「OR」条件を付ければ、複数の検索条件のうち、いずれかが成り立っているレコードを取得できます。

● WHERE句のオプション

検索時に条件を設定するWHERE句には、さまざまなオプションを追加できます。ここではBETWEEN句、IN句、LIKE句の3種類のオプションの使い方を説明します。

◉ BETWEEN句

まず手始めに、BETWEEN句について説明します。BETWEEN句は、数値がある値の範囲にあることを示す句です。「BETWEEN 値1 AND 値2」という書き方をします。

● BETWEEN句の書式例

```
SELECT ... FROM テーブル名 WHERE カラム名 BETWEEN 値1 AND 値2;
```

BETWEEN句を使った以下のSQLクエリを実行してみてください。

Sample313
```
01 SELECT name, price FROM resource WHERE price BETWEEN 2000 AND 5400;
```

実行すると、次の結果が得られます。これは、priceカラムの値が2000から5400の間のレコードを検索し、該当するレコードのnameカラムとpriceカラムを取得しています。

● 実行結果

```
+----------------+-------+
| name           | price |
+----------------+-------+
| 英語テキスト    |  2500 |
| 数学テキスト    |  2700 |
| 国語テキスト    |  3000 |
| 英語DVD        |  3000 |
| 数学学習ソフト  |  4900 |
| 英語学習ソフト  |  5400 |
| 英語問題集      |  2500 |
| 数学問題集      |  2800 |
+----------------+-------+
8 rows in set (0.00 sec)
```

Sample313のSQLクエリは、ANDを使って次のように書き替えることが可能です。

Sample314
```
01 SELECT name, price FROM resource WHERE price >= 2000 AND price <= 5400;
```

つまり、数値が指定した範囲内にあるかどうかを調べるような検索は、BETWEEN
句を使うことで SQL クエリを短くできます。

● BETWEEN句による範囲の指定

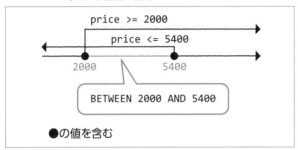

●の値を含む

重要

「数値 1 <= 数値 2」の場合、以下の条件は同じ結果が得られます。
・WHERE カラム名 BETWEEN 数値 1 AND 数値 2
・WHERE カラム名 >= 数値 1 AND カラム名 <= 数値 2

◉ IN句

続いて、IN 句について説明します。IN 句は指定した複数の値のうち、いずれかに
該当するかどうかを判別します。書式は次のとおりです。

● IN句の書式例
```
SELECT ... FROM テーブル名 WHERE カラム名 IN (値1, 値2, ...);
```

これは指定したカラムに IN 句で指定した値のうちいずれかがあった場合、該当す
るレコードを取得するというものです。では、実際に例を見てみましょう。

Sample315
```
01 SELECT * FROM resource WHERE class IN ('sftw', 'pbbk');
```

- 実行結果

```
+--------+----------------+-------+-------+
| code   | name           | class | price |
+--------+----------------+-------+-------+
| 100102 | 数学学習ソフト   | sftw  |  4900 |
| 100103 | 英語学習ソフト   | sftw  |  5400 |
| 100202 | 英語問題集      | pbbk  |  2500 |
| 100203 | 数学問題集      | pbbk  |  2800 |
+--------+----------------+-------+-------+
4 rows in set (0.00 sec)
```

これは、class カラムの値が「sftw」か「pbbk」のいずれかに該当するレコードを取得した結果です。この実行結果は Sample312 と同じです。つまり、「カラムの値が複数ある候補のいずれかと一致する」という条件の検索は、IN 句を使うことで SQL クエリを短くできるのです。

Sample312（再掲載）
```
01 SELECT * FROM resource WHERE class = 'text' OR class = 'pbbk';
```

重要

次の条件は同じ意味を表します。
- WHERE カラム名 IN (値 1, 値 2)
- WHERE カラム名 ＝ 値 1 OR カラム名 ＝ 値 2

◉ LIKE句

LIKE 句は、文字の検索条件を指定します。組み合わせて使う % と _（アンダースコア）は特殊な意味が割り当てられており、これらは**ワイルドカード**と呼ばれます。

ワイルドカードには次のような意味があります。

- ワイルドカードの種類

ワイルドカード	意味
%	0文字以上の任意の文字列
_	任意の1文字

LIKE 句を使った書式は次のとおりです。

● LIKE句の書式例

```
SELECT ... FROM テーブル名 WHERE カラム名 LIKE 検索条件;
```

では、ワイルドカードを使った例を見てみましょう。

Sample316

```
01 SELECT * FROM resource WHERE code LIKE '1001%';
```

● 実行結果

```
+--------+---------------+-------+-------+
| code   | name          | class | price |
+--------+---------------+-------+-------+
| 100101 | 英語DVD        | mdvd  |  3000 |
| 100102 | 数学学習ソフト  | sftw  |  4900 |
| 100103 | 英語学習ソフト  | sftw  |  5400 |
+--------+---------------+-------+-------+
3 rows in set (0.00 sec)
```

LIKE のあとの「'1001%'」は「1001 からはじまり、そのあとに 1 文字以上の任意の文字列が続く」ことを意味します。したがってこの SQL クエリでは、code カラムの値が「1001」からはじまるレコードをすべて取得しています。

このように、キーワードと完全に一致していなくても、表記の異なりや同義語も含め、柔軟に解釈して検索する方法を**あいまい検索**といい、データベースの大事な機能の 1 つです。

参考までに、ワイルドカードの使用例を紹介しておきましょう。

● ワイルドカードの使用例

記述例	意味	例
藤%	先頭に「藤」がつく文字列	藤崎、藤田
%藤	末尾に「藤」がつく文字列	伊藤、佐藤
%藤%	どこかに「藤」がつく文字列	後藤博
佐_	先頭に「佐」がつく 2文字の文字列	佐藤
佐__	先頭に「佐」がつく 3文字の文字列	佐々木、佐久間
佐_木	先頭に「佐」、末尾に「木」がつく 3文字の文字列	佐々木
佐_%司	先頭に「佐」、末尾に「司」がつく3文字以上の文字列	佐々木浩司
____	4文字の文字列	東西南北、西高東低

例題 3-4 ★ ☆ ☆

(1) 次の SQL クエリを BETWEEN 句を使った形式に書き替えなさい。

```
01  SELECT * FROM resource WHERE price >= 2000 AND price <= 3000;
```

(2) 次の SQL クエリを IN 句を使った形式に書き替えなさい。

```
01  SELECT * FROM resource WHERE class = 'mdvd' OR class = 'pbbk';
```

(3) student テーブルから、name カラムの値に「田」の文字を含むレコードを取得しなさい。

 解答例と解説

（1）は resource テーブルの price カラムの値が 2000 以上 3000 以下のレコードを表示する SQL クエリです。したがって、BETWEEN 句を使って記述すると次のようになります。

(1) のSQLクエリ

```
01  SELECT * FROM resource WHERE price BETWEEN 2000 AND 3000;
```

なお、実行結果は次のとおりです。

● **実行結果**

```
+--------+--------------+-------+-------+
| code   | name         | class | price |
+--------+--------------+-------+-------+
| 100001 | 英語テキスト | text  |  2500 |
| 100002 | 数学テキスト | text  |  2700 |
| 100003 | 国語テキスト | text  |  3000 |
| 100101 | 英語DVD      | mdvd  |  3000 |
| 100202 | 英語問題集   | pbbk  |  2500 |
| 100203 | 数学問題集   | pbbk  |  2800 |
+--------+--------------+-------+-------+
6 rows in set (0.01 sec)
```

　（2）は resource テーブルの class カラムの値が 'mdvd' か 'pbbk' のレコードを表示する SQL クエリです。したがって、BETWEEN 句を使って記述すると次のようになります。

（2）の SQL クエリ
```
01  SELECT * FROM resource WHERE class IN ('mdvd', 'pbbk');
```

　なお、実行結果は次のとおりです。

● 実行結果

```
+--------+------------+-------+-------+
| code   | name       | class | price |
+--------+------------+-------+-------+
| 100101 | 英語DVD    | mdvd  |  3000 |
| 100202 | 英語問題集 | pbbk  |  2500 |
| 100203 | 数学問題集 | pbbk  |  2800 |
+--------+------------+-------+-------+
3 rows in set (0.00 sec)
```

　（3）では、LIKE 句を使って文字列を検索する SQL クエリを検討する必要があります。student テーブルの内容をあらためて確認してみましょう。

● student テーブルの全レコード

```
+------+----------+-------+
| id   | name     | grade |
+------+----------+-------+
| 1001 | 山田太郎 |     1 |
| 2001 | 太田隆   |     2 |
| 3001 | 林敦子   |     3 |
| 3002 | 市川次郎 |     3 |
+------+----------+-------+
4 rows in set (0.00 sec)
```

　name カラムの値に「田」が含まれるのは「山田太郎」もしくは「太田隆」です。この中にはありませんが、「田島」など「田」からはじまる名前もあるかもしれません。この場合、検索方法としては「% 田 %」と考えます。これは、「田という文字の前後に 0 文字以上の任意の文字列が存在する」という意味になります。したがって、正解は次のようになります。

(3) のSQLクエリ

```
01  SELECT * FROM student WHERE name LIKE '%田%';
```

なお、実行結果は次のとおりです。

● **実行結果**

```
+------+----------+-------+
| id   | name     | grade |
+------+----------+-------+
| 1001 | 山田太郎 |     1 |
| 2001 | 太田隆   |     2 |
+------+----------+-------+
2 rows in set (0.00 sec)
```

NOT による否定

POINT

- NOT の使い方を学習する
- BETWEEN 句、IN 句、LIKE 句に NOT を付ける

　ここまで紹介してきた BETWEEN 句、IN 句、LIKE 句は、いずれも先頭に **NOT（ノット）** を付けることで意味を逆転させることができます。

◉ NOT BETWEEN

　最初に **NOT BETWEEN** について説明します。NOT BETWEEN を使った SELECT 文の書式は次のとおりです。

● NOT BETWEENの書式例
```
SELECT ... FROM テーブル名 WHERE カラム名 NOT BETWEEN 値1 AND 値2;
```

　これは指定したカラムの値が**値 1 以上かつ値 2 以下ではない**ということを意味しています。つまり、**値 1 未満か、値 2 より大きい**と同じ意味です。
　NOT BETWEEN を利用した次の SQL クエリを実行してみてください。

Sample317
```
01 SELECT name, price FROM resource WHERE price NOT BETWEEN 2000 AND 5400;
```

● 実行結果
```
+------------+-------+
| name       | price |
+------------+-------+
| 国語副読本  |  1200 |
| 英語辞書    |  8200 |
+------------+-------+
2 rows in set (0.00 sec)
```

実行結果から、1200 円の国語副読本と 8200 円の英語辞書のみが表示されていることがわかります。

　これは、2000 円以上 5400 円以下という条件の真逆、つまり **2000 円未満、もしくは 5400 円より大きい**という検索結果と同じ意味になります。

　なお、Sample317 と同じ結果が得られる SQL クエリを、比較演算を使って記述すると、次のようになります。

Sample318

```
01  SELECT name, price FROM resource WHERE price < 2000 OR price > 5400;
```

重要

> 「数値 1 <= 数値 2」の場合、以下の条件は同じ結果が得られます。
> ・WHERE カラム名 NOT BETWEEN 数値 1 AND 数値 2
> ・WHERE カラム名 < 数値 1 OR カラム名 > 数値 2

● NOT BETWEENによる範囲の指定

◉ NOT IN

続いて、<u>NOT IN</u> 句について説明します。NOT IN は指定した値のすべてに該当しないことを調べます。書式は以下のとおりです。

● NOT INによる検索

```
SELECT ... FROM テーブル名 WHERE カラム名 NOT IN (値1, 値2, ...);
```

これは、カラムの値が IN のあとに続く ( ) 内のいずれの値でもない場合、該当するレコードを取得します。では、実際に例を見てみましょう。

Sample319
```
01 SELECT * FROM resource WHERE class NOT IN ('sftw', 'pbbk');
```

● 実行結果

```
+--------+--------------+-------+-------+
| code   | name         | class | price |
+--------+--------------+-------+-------+
| 100001 | 英語テキスト   | text  |  2500 |
| 100002 | 数学テキスト   | text  |  2700 |
| 100003 | 国語テキスト   | text  |  3000 |
| 100101 | 英語DVD       | mdvd  |  3000 |
| 100201 | 国語副読本     | sbtx  |  1200 |
| 100C01 | 英語辞書      | dict  |  8200 |
+--------+--------------+-------+-------+
6 rows in set (0.00 sec)
```

実行結果からわかるとおり、**class カラムの値が「sftw」もしくは「pbbk」以外のレコード**が取得されていることがわかります。次の SQL クエリでも同様の結果が得られます。

Sample320
```
01 SELECT * FROM resource WHERE class <> 'sftw' AND class <> 'pbbk';
```

重要

次の条件は同じ結果が得られます。
- WHERE カラム名 NOT IN (値 1, 値 2)
- WHERE カラム名 <> 値 1 AND カラム名 <> 値 2

◉ NOT LIKE

最後に、NOT LIKE の使い方を見てみましょう。NOT LIKE は検索条件に該当しない
レコードを取得するときに使います。書式は次のとおりです。

● NOT LIKEの書式例

```
SELECT ... FROM テーブル名 WHERE カラム名 NOT LIKE 検索条件;
```

では、SQL クエリの例を見てみましょう。

Sample321

```
01 SELECT * FROM resource WHERE code NOT LIKE '1001%';
```

● 実行結果

```
+--------+--------------+-------+-------+
| code   | name         | class | price |
+--------+--------------+-------+-------+
| 100001 | 英語テキスト   | text  |  2500 |
| 100002 | 数学テキスト   | text  |  2700 |
| 100003 | 国語テキスト   | text  |  3000 |
| 100201 | 国語副読本     | sbtx  |  1200 |
| 100202 | 英語問題集     | pbbk  |  2500 |
| 100203 | 数学問題集     | pbbk  |  2800 |
| 100C01 | 英語辞書       | dict  |  8200 |
+--------+--------------+-------+-------+
7 rows in set (0.00 sec)
```

「NOT LIKE '1001%'」は、code カラムの値が「1001 のあとに任意の 1 文字以上の
続く文字列」に該当するレコードを除外します。

したがって、この SQL クエリでは「code カラムの値が 1001 ではじまらない」レ
コードをすべて結合した結果が得られます。

例題 3-5 ★ ☆ ☆

(1) 次の SQL クエリを NOT BETWEEN を使わない SQL クエリに書き替えなさい。

```
01  SELECT * FROM resource WHERE price NOT BETWEEN 2000 AND 3000;
```

(2) 次の SQL クエリを NOT IN を使わない SQL クエリに書き替えなさい。

```
01  SELECT * FROM resource WHERE class NOT IN ('mdvd','pbbk');
```

(3) resource テーブルから、name カラムの値が「テキスト」で終わる 6 文字ではな
いレコードをすべて表示しなさい。

解答例と解説

（1）の WHERE 以降は、「price カラムの値が 2000 以上 3000 以下の範囲にない」
という意味です。これは「price カラムの値が 2000 未満か 3000 より大きい」と同
じ意味です。そのため SQL クエリは次のように書き替えます。

(1) の SQL クエリ

```
01  SELECT * FROM resource WHERE price < 2000 OR price > 3000;
```

● 実行結果

```
+--------+----------------+-------+-------+
| code   | name           | class | price |
+--------+----------------+-------+-------+
| 100102 | 数学学習ソフト  | sftw  |  4900 |
| 100103 | 英語学習ソフト  | sftw  |  5400 |
| 100201 | 国語副読本      | sbtx  |  1200 |
| 100C01 | 英語辞書        | dict  |  8200 |
+--------+----------------+-------+-------+
4 rows in set (0.00 sec)
```

（2）の WHERE 以降は、「class カラムの値が mdvd もしくは pbbk ではない」とい
う意味です。これは「class カラムの値が mdvd 以外であり、かつ pbbk 以外である」
と同じ意味です。そのため SQL クエリは次のように書き替えます。

(2) のSQLクエリ

```
01  SELECT * FROM resource WHERE class <> 'mdvd' AND class <> 'pbbk';
```

● 実行結果

```
+--------+-----------------+-------+-------+
| code   | name            | class | price |
+--------+-----------------+-------+-------+
| 100001 | 英語テキスト    | text  |  2500 |
| 100002 | 数学テキスト    | text  |  2700 |
| 100003 | 国語テキスト    | text  |  3000 |
| 100102 | 数学学習ソフト  | sftw  |  4900 |
| 100103 | 英語学習ソフト  | sftw  |  5400 |
| 100201 | 国語副読本      | sbtx  |  1200 |
| 100C01 | 英語辞書        | dict  |  8200 |
+--------+-----------------+-------+-------+
7 rows in set (0.00 sec)
```

（3）では、「テキスト」で終わる6文字の文字列を、ワイルドカードを使って「＿＿テキスト」と表します。最初に、任意の1文字を表す「＿」が2つ続き、そのあとに「テキスト」という文字列が続きます。このような文字列が name カラムに含まれないレコードを得るため、SQL クエリは以下のようになります。

(3) のSQLクエリ

```
01  SELECT * FROM resource WHERE name NOT LIKE '_ _テキスト';
```

● 実行結果

```
+--------+-----------------+-------+-------+
| code   | name            | class | price |
+--------+-----------------+-------+-------+
| 100101 | 英語DVD         | mdvd  |  3000 |
| 100102 | 数学学習ソフト  | sftw  |  4900 |
| 100103 | 英語学習ソフト  | sftw  |  5400 |
| 100201 | 国語副読本      | sbtx  |  1200 |
| 100202 | 英語問題集      | pbbk  |  2500 |
| 100203 | 数学問題集      | pbbk  |  2800 |
| 100C01 | 英語辞書        | dict  |  8200 |
+--------+-----------------+-------+-------+
7 rows in set (0.00 sec)
```

2 練習問題

▶ 正解は 297 ページ

問題 3-1 ★ ☆ ☆

　school データベースの student テーブルから、次のような実行結果が得られる SQL クエリを作成しなさい。

● 期待される実行結果

```
+----------+------+----------+
| 名前     | 学年 | 学生番号 |
+----------+------+----------+
| 山田太郎 |    1 |     1001 |
| 太田隆   |    2 |     2001 |
| 林敦子   |    3 |     3001 |
| 市川次郎 |    3 |     3002 |
+----------+------+----------+
4 rows in set (0.00 sec)
```

問題 3-2 ★ ☆ ☆

　次の計算を SELECT 文を使って行いなさい。

(1) 5 - 2 × 3

(2) (5 - 2) × 3

(3) 15 ÷ 4（整数で答えを求めること）

(4) 15 ÷ 4（小数点以下の計算も行うこと）

(5) 15 ÷ 4 の余り

問題 3-3 ★ ☆ ☆

次の条件で検索を行う SQL クエリを作成しなさい。

（1）student テーブルから、grade カラムの値が 3 のレコードを取得する。
（2）student テーブルから、name カラムの値が「郎」で終わる学生の名前の一覧を
　　取得する。

 問題 3-4 ★ ★ ☆

　次の SQL クエリを BETWEEN 句、IN 句、NOT 句を使わずに同様の結果が得られる
SQL クエリに書き替えなさい。

(1)
```
01 SELECT * FROM resource WHERE price BETWEEN 2000 AND 5000;
```

(2)
```
01 SELECT * FROM resource WHERE price NOT BETWEEN 2000 AND 5000;
```

(3)
```
01 SELECT * FROM student WHERE grade IN (1, 2);
```

(4)
```
01 SELECT * FROM student WHERE grade NOT IN (1, 2);
```

4日目

並べ替えと集約／テーブルの結合①

1 並べ替えと集約

- ▶ 検索結果の並べ替えについて学習する
- ▶ グループごとにデータを集約する方法について学習する
- ▶ 集約したグループごとに集計関数を適用する方法について学習する

 1-1 並べ替え

POINT

- ORDER BY 句の使い方を学習する
- 数値の並べ替えを行う

● ORDER BY 句

SELECT 文で検索した結果は、並べ替えることができます。並べ替えを行うには、ORDER BY 句を使います。

● ORDER BY句を使った書式

```
SELECT ... FROM テーブル名 ORDER BY カラム名 ASC;     ◀──  昇順で並べ替え
SELECT ... FROM テーブル名 ORDER BY カラム名 DESC;    ◀──  降順で並べ替え
```

ASC は **昇順（しょうじゅん）**、DESC は **降順（こうじゅん）** で並べ替えることを指定しています。昇順は小さい順、降順は大きい順に並べ替えます。

なお、並べ替え方法の指定は省略可能で、指定しなかった場合は昇順での並べ替えになります。

> **用語**
>
> **昇順**
> 小さいほうから大きいほうへと順番に並べ替える
> **降順**
> 大きいほうから小さいほうへと順番に並べ替える

◎ 簡単な並べ替えの例

実際に resource テーブルのレコードを並べ替えて、表示させてみましょう。次の SQL クエリは、price カラムの値を昇順で並べ替えた結果を取得できます。

Sample401
```
01 SELECT * FROM resource ORDER BY price ASC;
```

● 実行結果

```
+--------+----------------+-------+-------+
| code   | name           | class | price |
+--------+----------------+-------+-------+
| 100201 | 国語副読本      | sbtx  |  1200 |
| 100001 | 英語テキスト    | text  |  2500 |
| 100202 | 英語問題集      | pbbk  |  2500 |
| 100002 | 数学テキスト    | text  |  2700 |
| 100203 | 数学問題集      | pbbk  |  2800 |
| 100003 | 国語テキスト    | text  |  3000 |
| 100101 | 英語DVD        | mdvd  |  3000 |
| 100102 | 数学学習ソフト  | sftw  |  4900 |
| 100103 | 英語学習ソフト  | sftw  |  5400 |
| 100C01 | 英語辞書        | dict  |  8200 |
+--------+----------------+-------+-------+
10 rows in set (0.00 sec)
```

price カラムの値が昇順に並べ替わったうえで、結果が取得されていることがわかります。

昇順の並べ替えの場合は ASC は省略可能であるため、次の SQL クエリでも同じ結果を得られます。

Sample402
```
01 SELECT * FROM resource ORDER BY price;
```

重要　昇順の並べ替えを表す ASC は省略できます。

続いて、降順の並べ替えを見てみましょう。並べ替え方法に DESC を指定した次の
SQL クエリを実行してみてください。

Sample403

```
01 SELECT * FROM resource ORDER BY price DESC;
```

● 実行結果

```
+--------+----------------+-------+-------+
| code   | name           | class | price |
+--------+----------------+-------+-------+
| 100C01 | 英語辞書        | dict  | 8200  |
| 100103 | 英語学習ソフト  | sftw  | 5400  |
| 100102 | 数学学習ソフト  | sftw  | 4900  |
| 100003 | 国語テキスト    | text  | 3000  |
| 100101 | 英語DVD         | mdvd  | 3000  |
| 100203 | 数学問題集      | pbbk  | 2800  |
| 100002 | 数学テキスト    | text  | 2700  |
| 100001 | 英語テキスト    | text  | 2500  |
| 100202 | 英語問題集      | pbbk  | 2500  |
| 100201 | 国語副読本      | sbtx  | 1200  |
+--------+----------------+-------+-------+
10 rows in set (0.00 sec)
```

price カラムを見ると、降順になっていることがわかります。

例題 4-1 ★ ☆ ☆

student テーブルから、次の実行結果と同様に、学年が降順となる結果が得られる
SQL クエリを作成しなさい。

● **期待される実行結果**

```
+----------+------+----------+
| 学生番号 | 学年 | 名前     |
+----------+------+----------+
|     3001 |    3 | 林敦子   |
|     3002 |    3 | 市川次郎 |
|     2001 |    2 | 太田隆   |
|     1001 |    1 | 山田太郎 |
+----------+------+----------+
```

 解答例と解説

student テーブルと期待される実行結果を比較すると、カラムの並びが id、grade、
name の順番になっており、それぞれ別名が付いていることがわかります。また、
grade カラムの値が降順で並べ替えられているので、「ORDER BY grade DESC」を追
加する必要があります。

以上のことから、SQL クエリは次のようになります。

例題4-1のSQLクエリ
```
01  SELECT
02    id AS '学生番号',
03    grade AS '学年',
04    name AS '名前'
05  FROM student ORDER BY grade DESC;
```

1-2 文字列の並べ替え

POINT

- ORDER BY 句で文字列を並べ替える
- 辞書順に並べ替えができることを学習する
- 複数のカラムを指定して並べ替える方法を学ぶ

● 文字列の並べ替え

　並べ替えができるのは数字だけではありません。次は文字列が保存されている class カラムを昇順で並べ替えてみましょう。

Sample404

```
01  SELECT * FROM resource ORDER BY class;
```

● 実行結果

```
+--------+----------------+-------+-------+
| code   | name           | class | price |
+--------+----------------+-------+-------+
| 100C01 | 英語辞書       | dict  |  8200 |
| 100101 | 英語DVD        | mdvd  |  3000 |
| 100202 | 英語問題集     | pbbk  |  2500 |
| 100203 | 数学問題集     | pbbk  |  2800 |
| 100201 | 国語副読本     | sbtx  |  1200 |
| 100102 | 数学学習ソフト | sftw  |  4900 |
| 100103 | 英語学習ソフト | sftw  |  5400 |
| 100001 | 英語テキスト   | text  |  2500 |
| 100002 | 数学テキスト   | text  |  2700 |
| 100003 | 国語テキスト   | text  |  3000 |
+--------+----------------+-------+-------+
10 rows in set (0.00 sec)
```

　英単語の場合、昇順で並べ替えるということは、辞書順（アルファベット順）で並べ替えることを意味します。実行結果を見ると、class カラムが辞書順に並べ替えられていることがわかります。

ORDER BY句で複数カラムを対象にする

単独のカラムだけではなく、複数のカラムを同時に並べ替えることもできます。試しに class カラムを昇順、price カラムを降順に並べ替えてみます。次の SQL クエリを実行してみてください。

Sample405

```
01  SELECT * FROM resource ORDER BY class, price DESC;
```

● 実行結果

```
+--------+----------------+-------+-------+
| code   | name           | class | price |
+--------+----------------+-------+-------+
| 100C01 | 英語辞書        | dict  | 8200  |
| 100101 | 英語DVD         | mdvd  | 3000  |
| 100203 | 数学問題集      | pbbk  | 2800  |
| 100202 | 英語問題集      | pbbk  | 2500  |
| 100201 | 国語副読本      | sbtx  | 1200  |
| 100103 | 英語学習ソフト  | sftw  | 5400  |
| 100102 | 数学学習ソフト  | sftw  | 4900  |
| 100003 | 国語テキスト    | text  | 3000  |
| 100002 | 数学テキスト    | text  | 2700  |
| 100001 | 英語テキスト    | text  | 2500  |
+--------+----------------+-------+-------+
10 rows in set (0.00 sec)
```

実行結果を確認すると、class カラムは昇順、price カラムは同一の class カラムの値ごとに降順で並べ替わっています。

● 昇順と降順の組み合わせ

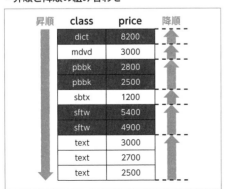

1-3 集約と集計処理

- 並べ替えたうえで値を集約する
- 集約した値と関数で集計処理を行う

● 集約

SQL クエリでカラムの値を集計する場合、集計は**グループ（group）**単位で行われます。グループとは**指定したカラムに格納されている同じ値ごとにまとめたもの**で、どのカラムを対象にグループ化するのかを指定するには **GROUP BY 句**を使用します。このように、データをグループごとにまとめる処理を集約といいます。

◎ GROUP BY句

GROUP BY 句を含む SELECT 文の基本的な書き方は次のとおりです。

● GROUP BY句の書式

```
SELECT カラム名, ... FROM テーブル名 GROUP BY カラム名, ...;
```

GROUP BY のあとにカラムを指定すると、そのカラムが同じ値のレコードを 1 つのグループとしてまとめます。また、複数のカラムを指定した場合、複数のカラムの値が同じ組み合わせのレコードをグループとしてまとめます。

グループ化すると SELECT 文で取得できるレコード数はグループ数分だけになります。グループ化を行った場合、**指定したカラムの値や関数を使ってカラムの値をグループ単位で集計した結果などを取得することができます。**

例えば、次の SQL クエリを実行すると、値が重複している結果を得られます。

Sample406
```
01 SELECT class FROM resource;
```

● 実行結果

```
+-------+
| class |
+-------+
| text  |
| text  |
| text  |
| mdvd  |
| sftw  |
| sftw  |
| sbtx  |
| pbbk  |
| pbbk  |
| dict  |
+-------+
10 rows in set (0.00 sec)
```

　見てわかるとおり、resource テーブルの class カラムには「text」や「sftw」など
の値が重複していることがわかります。これを GROUP BY 句で集約します。

Sample407

```
01  SELECT class FROM resource GROUP BY class;
```

● 実行結果

```
+-------+
| class |
+-------+
| dict  |
| mdvd  |
| pbbk  |
| sbtx  |
| sftw  |
| text  |
+-------+
6 rows in set (0.00 sec)
```

　GROUP BY 句により、値の重複がない状態の結果が得られます。

- classカラムの集約

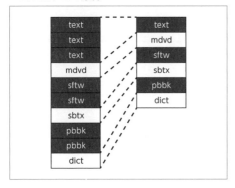

● DISTINCT

なお、このような重複の回避は GROUP BY 句だけではなく、DISTINCT を使った方法もあります。

- DISTINCTを使った書式

```
SELECT DISTINCT カラム名, ... FROM テーブル名;
```

Sample407 の SQL クエリを DISTINCT を使って書き替えた SQL クエリは次のとおりです。

Sample408

```
01 SELECT DISTINCT class FROM resource;
```

実行結果は省略します。

SELECT 文でレコードを取得するとき、DISTINCT を使うと取得するカラムの値が一致しているレコードを除外した結果が取得できます。

重要

DISTINCT を使うと取得する値の重複を除外できます。

集計処理

次は GROUP BY 句の応用として集計処理について説明します。集計処理には専用

の関数を使います。

集計関数を用いた SELECT 文の書式は次のとおりです。

● 集計処理の書式①
```
SELECT 関数名(カラム名) FROM テーブル名;
```

まずは、もっとも単純な平均値を取得する AVG 関数を使って、resource テーブルから price カラムの値の平均値を取得してみましょう。

Sample409
```
01  SELECT AVG(price) FROM resource;
```

● 実行結果
```
+------------+
| AVG(price) |
+------------+
|  3620.0000 |
+------------+
1 row in set (0.00 sec)
```

実行結果から、price カラムの平均値である 3620 が得られたことがわかります。

◉ 集計と関数

GROUP BY 句は、グループごとの合計値や平均値などの集計処理にも利用できます。書式は以下のとおりです。

● 集計処理の書式②
```
SELECT カラム名, ..., 関数名(カラム名) FROM テーブル名
GROUP BY カラム名, ...;
```

では、GROUP BY 句を使った集計処理を行ってみましょう。次の SQL クエリで、resource テーブルを対象に検索します。

Sample410
```
01  SELECT class, AVG(price) FROM resource GROUP BY class;
```

● 実行結果

```
+-------+-------------+
| class | AVG(price)  |
+-------+-------------+
| dict  |   8200.0000 |
| mdvd  |   3000.0000 |
| pbbk  |   2650.0000 |
| sbtx  |   1200.0000 |
| sftw  |   5150.0000 |
| text  |   2733.3333 |
+-------+-------------+
6 rows in set (0.00 sec)
```

　この SQL クエリでは、class カラムでグループ化したうえで、平均値を取得しています。class カラムと、グループごとに求めた price カラムの平均値を組み合わせた結果が得られます。

● classカラムのグループごとにpriceカラムの平均値を取得する

class	price	
text	2500	
text	2700	AVG:2733
text°	3000	
mdvd	3000	AVG:3000
sftw	4900	AVG:5150
sftw	5400	
sbtx	1200	AVG:1200
pbbk	2500	AVG:2650
pbbk	2800	
dict	8200	AVG:8200

　なお、GROUP BY 句で使うことができる集計関数には、次のようなものがあります。

● 集計関数

関数	説明
MAX(カラム名)	カラム内の最大値を求める
MIN(カラム名)	カラム内の最小値を求める
SUM(カラム名)	カラム内の数値の合計を求める
AVG(カラム名)	カラム内の数値の平均を求める
COUNT(カラム名)	カラム内のデータの個数をカウントする

さまざまな集計処理

データベースでは集計処理をよく行います。そこで、ここではさまざまな集計関数の使い方を説明します。そのために、school データベースに新しいテーブルを追加しましょう。

まずは、Data401.sql の SQL クエリをコピー＆ペーストして、実行してください。

Data401.sql
```
01  # デフォルトデータベースをschoolテーブルに切り替える
02  USE school;
03
04  # scoreテーブルを作成する
05  CREATE TABLE score
06  (
07      id        INT NOT NULL,
08      math      INT NOT NULL,
09      english   INT NOT NULL,
10      science   INT NOT NULL
11  );
12
13  # データを追加する
14  INSERT INTO score VALUES (1001, 90, 80, 95);
15  INSERT INTO score VALUES (2001, 52, 60, 100);
16  INSERT INTO score VALUES (3001, 76, 98, 64);
17  INSERT INTO score VALUES (3002, 30, 20, 45);
```

新しく作成する score テーブルには、学生番号（id）ごとに数学（math）、英語（english）、理科（science）の試験でそれぞれ何点を取ったかの情報を保存します。

score テーブルの全レコードを確認してみましょう。

Sample411
```
01  SELECT * FROM score;
```

• 実行結果

```
+------+------+---------+---------+
| id   | math | english | science |
+------+------+---------+---------+
| 1001 |   90 |      80 |      95 |
| 2001 |   52 |      60 |     100 |
| 3001 |   76 |      98 |      64 |
```

```
| 3002 |   30 |      20 |      45 |
+------+------+---------+---------+
4 rows in set (0.00 sec)
```

　それでは score テーブルを使って、集計関数の動きを見てみましょう。以下の SQL
クエリを実行してみてください。

Sample412

```
01  SELECT
02    MAX(math) AS '数学の最高点',
03    MIN(math) AS '数学の最低点',
04    AVG(math) AS '数学の平均点'
05  FROM score;
```

● 実行結果

```
+--------------+--------------+--------------+
| 数学の最高点 | 数学の最低点 | 数学の平均点 |
+--------------+--------------+--------------+
|           90 |           30 |      62.0000 |
+--------------+--------------+--------------+
1 row in set (0.01 sec)
```

　実行結果からわかるとおり、集計関数で数学（math）カラムの最大値・最小値・
平均値を取得しています。
　次は、各教科の合計を求めてみましょう。合計を求めるには SUM 関数を使います。

Sample413

```
01  SELECT
02    SUM(math) AS '数学の合計',
03    SUM(english) AS '英語の合計',
04    SUM(science) AS '理科の合計'
05  FROM score;
```

● 実行結果

```
+------------+------------+------------+
| 数学の合計 | 英語の合計 | 理科の合計 |
+------------+------------+------------+
|        248 |        258 |        304 |
+------------+------------+------------+
1 row in set (0.00 sec)
```

次に、テーブルのレコード数を求めてみましょう。

Sample414

```
01  SELECT COUNT(*) AS 'データの数' FROM score;
```

● 実行結果

```
+--------------+
| データの数   |
+--------------+
|            4 |
+--------------+
1 row in set (0.00 sec)
```

　COUNT関数は、( )内で指定したカラムのデータの数を求めます。ここではすべてのカラムを表す「*」を指定したので、テーブル内のレコード数が得られます。

　このように、<u>**集計関数はカラムに対して処理を行います**</u>。

重要

　集計関数はカラム内で演算処理を行います。

　なお、異なるカラムで合計や平均等の計算が必要な場合は、次のようなSQLクエリになります。レコードごとにmath、english、scienceの3カラムの合計点と平均点を求めています。

Sample415

```
01  SELECT
02      id AS '学生番号',
03      math AS '数学',
04      english AS '英語',
05      science AS '理科',
06      math + english + science AS '合計点数',
07      (math + english + science) / 3.0 AS '平均点'
08  FROM score;
```

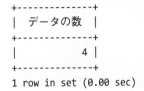

4日目

並べ替えと集約／テーブルの結合①

● 実行結果

```
+---------+------+------+------+----------+----------+
| 学生番号 | 数学 | 英語 | 理科 | 合計点数 | 平均点   |
+---------+------+------+------+----------+----------+
|    1001 |   90 |   80 |   95 |      265 | 88.3333  |
|    2001 |   52 |   60 |  100 |      212 | 70.6667  |
|    3001 |   76 |   98 |   64 |      238 | 79.3333  |
|    3002 |   30 |   20 |   45 |       95 | 31.6667  |
+---------+------+------+------+----------+----------+
4 rows in set (0.00 sec)
```

集約・集計処理における条件

　集約や集計処理には、条件を付けることも可能です。その際に使用するのが、<u>HAVING 句</u>です。使用方法は以下のとおりです。

● HAVING句を使った書式

```
SELECT カラム名, ..., 関数名(カラム名) FROM テーブル名
GROUP BY カラム名, ... HAVING 条件式;
```

　では、実際に resource テーブルで試してみましょう。

Sample416
```
01  SELECT class, AVG(price) FROM resource
02  GROUP BY class HAVING COUNT(class) >= 2;
```

● 実行結果

```
+-------+------------+
| class | AVG(price) |
+-------+------------+
| pbbk  |  2650.0000 |
| sftw  |  5150.0000 |
| text  |  2733.3333 |
+-------+------------+
3 rows in set (0.00 sec)
```

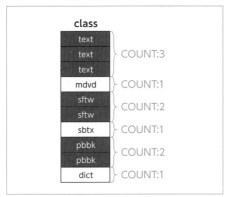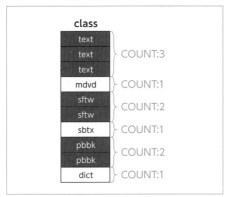

Sample416 の SQL クエリは、Sample410 クエリに HAVING 句で条件をしています。HAVING 句で使用している COUNT 関数は、同じ値のレコード数を取得します。例えば、class カラムの値が text なのは 3 レコードなので 3、mdvd なのは 1 レコードなので 1 が得られます。

● classの要素数を数える

また、Sample416 の SQL クエリの 2 行目では、HAVING 句で class カラムに同一の値が 2 つ以上あるレコードが対象になっています。

実行結果からわかるとおり、class カラムの値が mdvd、sbtx、dict のレコードは 1 つしかないため表示されません。

◉ HAVING句における注意

WHERE 句と HAVING 句はよく似ていますが、<u>**WHERE 句は指定したテーブルのすべてのフィールドに対して適用できる**</u>のに対し、あくまでも **<u>HAVING 句は集約や集計に使ったフィールドに対してのみ適用できる</u>**という点が異なります。1 つの SQL クエリに WHERE 句と HAVING 句がある場合、WHERE 句の処理のあとに HAVING 句の処理が実行されます。

それぞれ対象が異なるため、HAVING 句と WHERE 句は併用が可能です。違いを理解したうえで使い分けましょう。

注意

WHERE 句は、テーブル全体に対しての条件付けに利用します。HAVING 句は、集約したカラムや集計関数の条件付けのみに使用します。

例題 4-2 ★ ★ ☆

resource テーブルにおいて、商品が 2 種類以上ある class カラムの値ごとに price カラムの最大値・最小値を求め、次の実行結果と同様の結果が得られる SQL クエリを作成しなさい。

● 期待される実行結果

```
+----------+--------+--------+
| カテゴリ | 最安値 | 最高値 |
+----------+--------+--------+
| pbbk     |   2500 |   2800 |
| sftw     |   4900 |   5400 |
| text     |   2500 |   3000 |
+----------+--------+--------+
```

なお、エイリアスは次のとおりに設定すること。

● エイリアス

カラム名	概要
カテゴリ	classカラムの値
最安値	classカラムごとにまとめられたグループ内のpriceカラムの最小値
最高値	classカラムごとにまとめられたグループ内のpriceカラムの最大値

 解答例と解説

問題の条件はかなり複雑です。このような場合は、いきなり完成形を求めるのではなく、複数のステップで正解に至るように考えていきましょう。

STEP1：グループごとの最大値・最小値を求める

```
01  SELECT
02    class,
03    MIN(price),
04    MAX(price),
05    COUNT(class)
06  FROM resource
07  GROUP BY class;
```

まずは「GROUP BY class」で集約したグループごとに最大値・最小値を求めます。同時に class カラムにいくつのデータがあるかも取得してみましょう。

表示がわかりやすくなるように、各行は「class、MIN(price)、MAX(price)、COUNT(price)」の並びで結果を表示するようにします。

• 実行結果（STEP1）

```
+-------+------------+------------+--------------+
| class | MIN(price) | MAX(price) | COUNT(class) |
+-------+------------+------------+--------------+
| dict  |       8200 |       8200 |            1 |
| mdvd  |       3000 |       3000 |            1 |
| pbbk  |       2500 |       2800 |            2 |
| sbtx  |       1200 |       1200 |            1 |
| sftw  |       4900 |       5400 |            2 |
| text  |       2500 |       3000 |            3 |
+-------+------------+------------+--------------+
6 rows in set (0.00 sec)
```

各グループごとに最小値・最大値が表示されていることがわかります。同時に、各グループごとにデータがいくつあるかもわかります。

STEP2：2レコード以上あるグループのみを残す

```
01  SELECT
02    class,
03    MIN(price),
04    MAX(price),
05    COUNT(class)
06  FROM resource
07  GROUP BY class HAVING COUNT(class) >= 2;
```

次に、STEP1 の SQL クエリの末尾に「HAVING COUNT(class) >= 2;」を付けて、class カラムに同一の値が 2 つ以上あるグループを残します。

● 実行結果（STEP2）

```
+-------+------------+------------+--------------+
| class | MIN(price) | MAX(price) | COUNT(class) |
+-------+------------+------------+--------------+
| pbbk  |       2500 |       2800 |            2 |
| sftw  |       4900 |       5400 |            2 |
| text  |       2500 |       3000 |            3 |
+-------+------------+------------+--------------+
3 rows in set (0.00 sec)
```

　ここまで来たら、ほぼ完成したようなものです。最後に体裁を整えます。
　期待される実行結果には不要な COUNT(class) のカラムを外して、残ったカラムに
エイリアスを設定することで完成します。

STEP3：体裁を整える

```
01  SELECT
02    class AS 'カテゴリ',
03    MIN(price) AS '最安値',
04    MAX(price) AS '最高値'
05  FROM resource
06  GROUP BY class
07  HAVING COUNT(class) >= 2;
```

● 実行結果

```
+----------+--------+--------+
| カテゴリ | 最安値 | 最高値 |
+----------+--------+--------+
| pbbk     |   2500 |   2800 |
| sftw     |   4900 |   5400 |
| text     |   2500 |   3000 |
+----------+--------+--------+
3 rows in set (0.00 sec)
```

2 テーブルの結合①

- ▶ 複数のテーブルを結合する方法について学習する
- ▶ 内部結合について学習する
- ▶ 交差結合について学習する

2-1 テーブルの結合

- ・ テーブルの結合種別について学習する
- ・ 内部結合について学習する

● テーブルの結合

　続いて、データベースを操作するうえで必要不可欠な複数のテーブルを結合する方法について説明します。**SELECT 文を使って、複数のテーブルを結合した結果を取得できます**。どのようにテーブルを結合し、どういった形式でデータを取得するかによって結合方法が異なります。結合方法は3つで、**内部結合（ないぶけつごう）**、**外部結合（がいぶけつごう）**、**交差結合（こうさけつごう）** があります。

　以降、それぞれの結合方法について説明していきますが、4 日目では内部結合と交差結合について説明します。

● テーブルの追加

　テーブルの結合を学習するために、新しいテーブルを追加しましょう。school データベースに、次の構造を持った class_name テーブルを作成し、データを追加してください。

145

● class_nameテーブルの構造

項目	カラム名	データ型	制約
分類	class	CHAR(4)	NOT NULL
名前	name	VARCHAR(10)	NOT NULL

● class_nameテーブルに追加するデータ

class	name
text	教科書
mdvd	マルチメディアDVD
sftw	ソフトウェア
sbtx	副読本
pbbk	問題集
dict	辞書
comp	コンピューター

class_name テーブルは、school データベースの resource テーブルにある class（分類）の情報がまとめられています。resource テーブルには、分類コードとしてしか登録されていませんが、この表には分類コードの内訳が日本語で記述されています。

Data402.sql の SQL クエリをコピー＆ペーストで実行しましょう。

Data402.sql

```
01  # デフォルトデータベースをschoolデータベースに切り替える
02  USE school;
03
04  # class_nameテーブルを作成する
05  CREATE TABLE class_name(
06      class       CHAR(4) NOT NULL,
07      name        VARCHAR(10) NOT NULL
08  );
09
10  # データを追加する
11  INSERT INTO class_name VALUES ('text', '教科書');
12  INSERT INTO class_name VALUES ('mdvd', 'マルチメディアDVD');
13  INSERT INTO class_name VALUES ('sftw', 'ソフトウェア');
14  INSERT INTO class_name VALUES ('sbtx', '副読本');
15  INSERT INTO class_name VALUES ('pbbk', '問題集');
16  INSERT INTO class_name VALUES ('dict', '辞書');
17  INSERT INTO class_name VALUES ('comp', 'コンピューター');
```

テーブルの内容を確認すると次のような結果が得られます。

Sample417
```
01 SELECT * FROM class_name;
```

● 実行結果
```
+-------+------------------+
| class | name             |
+-------+------------------+
| text  | 教科書           |
| mdvd  | マルチメディアDVD |
| sftw  | ソフトウェア     |
| sbtx  | 副読本           |
| pbbk  | 問題集           |
| dict  | 辞書             |
| comp  | コンピューター   |
+-------+------------------+
7 rows in set (0.00 sec)
```

resource テーブルを見るだけでは各教材の分類がわかりづらいので、テーブルの結合を利用して検索結果をよりわかりやすくしてみましょう。

● 内部結合

データベースの操作では、複数のテーブルを結合したうえで検索することがよくあります。

特に使用頻度が高い結合方法が、内部結合です。内部結合は結合する**テーブルの指定したカラムの値が一致するレコードだけ取得します。**

◎ 内部結合の書式

内部結合の基本となる書式は次のとおりです。

● 内部結合の書式
```
SELECT カラム名, ... FROM テーブル名1
INNER JOIN テーブル名2 ON テーブル名1.カラム名1 = テーブル名2.カラム名2;
```

結合の対象となるテーブルを FROM のあとと INNER JOIN のあとに指定します。そして **ON のあとに結合するカラムを＝（イコール）で結んで指定します**。内部結合ではテーブルとテーブルを結合した結果を取得します。結合はそれぞれのテーブルの指定したカラムの値が同じものを 1 つのレコードとして取得します。**2 つのテーブルで一致する値が存在しないレコードは取得されません**。

◉ resourceテーブルとclass_nameテーブルの内部結合

　では実際に、resource テーブルと class_name テーブルの内部結合を行ってみましょう。内部結合を行うには、2 つのテーブルで結合の対象となるカラムを指定します。例えば次のように指定します。

Sample418
```
01  SELECT * FROM resource
02  INNER JOIN class_name ON resource.class = class_name.class;
```

● 実行結果

```
+--------+----------------+-------+-------+-------+--------------------+
| code   | name           | class | price | class | name               |
+--------+----------------+-------+-------+-------+--------------------+
| 100001 | 英語テキスト     | text  |  2500 | text  | 教科書             |
| 100002 | 数学テキスト     | text  |  2700 | text  | 教科書             |
| 100003 | 国語テキスト     | text  |  3000 | text  | 教科書             |
| 100101 | 英語DVD         | mdvd  |  3000 | mdvd  | マルチメディアDVD   |
| 100102 | 数学学習ソフト   | sftw  |  4900 | sftw  | ソフトウェア       |
| 100103 | 英語学習ソフト   | sftw  |  5400 | sftw  | ソフトウェア       |
| 100201 | 国語副読本       | sbtx  |  1200 | sbtx  | 副読本             |
| 100202 | 英語問題集       | pbbk  |  2500 | pbbk  | 問題集             |
| 100203 | 数学問題集       | pbbk  |  2800 | pbbk  | 問題集             |
| 100C01 | 英語辞書         | dict  |  8200 | dict  | 辞書               |
+--------+----------------+-------+-------+-------+--------------------+
10 rows in set (0.00 sec)
```

　ここでは、resource テーブルの class カラムと class_name テーブルの class カラムを使って結合しています。処理の流れは次のように行われます。

　まず、resource テーブルの class カラムの値に対して、class_name テーブルの class カラムと同じ値があるかどうかを調べます。存在した場合は、resource テーブルと class_name テーブルのレコードを結合させて、1 つのレコードとして取得します。

● 内部結合のイメージ

resource

code	name	class	price
100001	英語テキスト	text	2500
100002	数学テキスト	text	2700
100003	国語テキスト	text	3000
100101	英語 DVD	mdvd	3000
100102	数学学習ソフト	sftw	4900
100103	英語学習ソフト	sftw	5400
100201	国語副読本	sbtx	1200
100202	英語問題集	pbbk	2500
100203	数学問題集	pbbk	2800
100C01	英語辞書	dict	8200

class_name

class	name
text	教科書
mdvd	マルチメディア DVD
sftw	ソフトウェア
sbtx	副読本
pbbk	問題集
dict	辞書
comp	コンピューター

結合

	resource			class_name	
code	name	class	price	class	name
100001	英語テキスト	text	2500	text	教科書
100002	数学テキスト	text	2700	text	教科書
100003	国語テキスト	text	3000	text	教科書
100101	英語 DVD	mdvd	3000	mdvd	マルチメディア DVD
100102	数学学習ソフト	sftw	4900	sftw	ソフトウェア
100103	英語学習ソフト	sftw	5400	sftw	ソフトウェア
100201	国語副読本	sbtx	1200	sbtx	副読本
100202	英語問題集	pbbk	2500	pbbk	問題集
100203	数学問題集	pbbk	2800	pbbk	問題集
100C01	英語辞書	dict	8200	dict	辞書

ただし、resource テーブルの class カラムには、class_name テーブルの class カラムにある「comp」が存在しません。**そのため、class カラムが「comp」であるレコードは検索結果には現れません。**なお、結合されたデータには、各テーブルに存在していたカラムがすべて含まれることになります。

重要

内部結合の場合、指定したカラムの値が一致しないレコードは取得されません。

◉ USING句による内部結合

結合された全レコードの中で、必要なカラムのみを取得するには、SELECT 文の後ろで指定します。カラムは「テーブル名 . カラム名」の形式で指定します。

例えば、resource テーブルの class カラムは「resource.class」、class_name テーブルの class カラムは「class_name.class」と表記します。

しかし、この表記方法ですと、テーブル名やカラム名が長い場合、SQL クエリが長くなってしまいます。そこで、もっと簡単な方法で内部結合をする方法について説明します。

resource テーブルおよび、class_name テーブルを結合するのに利用するカラムはともに同一名の「class」であることから、SQL クエリを次のように書き替えられます。

Sample419
```
01 SELECT * FROM resource INNER JOIN class_name USING (class);
```

● 実行結果（先頭がclassになる）
```
+-------+--------+-----------------+-------+-------------------+
| class | code   | name            | price | name              |
+-------+--------+-----------------+-------+-------------------+
| text  | 100001 | 英語テキスト     | 2500  | 教科書             |
| text  | 100002 | 数学テキスト     | 2700  | 教科書             |
| text  | 100003 | 国語テキスト     | 3000  | 教科書             |
| mdvd  | 100101 | 英語DVD         | 3000  | マルチメディアDVD   |
| sftw  | 100102 | 数学学習ソフト   | 4900  | ソフトウェア        |
| sftw  | 100103 | 英語学習ソフト   | 5400  | ソフトウェア        |
| sbtx  | 100201 | 国語副読本       | 1200  | 副読本             |
| pbbk  | 100202 | 英語問題集       | 2500  | 問題集             |
| pbbk  | 100203 | 数学問題集       | 2800  | 問題集             |
| dict  | 100C01 | 英語辞書         | 8200  | 辞書               |
+-------+--------+-----------------+-------+-------------------+
10 rows in set (0.00 sec)
```

USING の後ろの ( ) 内に、共通のカラム名を入れることで、Sample418 の実行結果と同様の検索結果を得ることが可能です。ただしこの場合、**出力結果では 2 つのテーブルの共通のカラムである「class」が先頭になります**。

なお、USING 句を使った内部結合の書式は次のとおりです。

● USING句を使った内部結合の書式
```
SELECT * FROM テーブル1 INNER JOIN テーブル2 USING (カラム名);
```

◉ 内部結合したテーブルを整理する

この内部結合を利用して、resource テーブルをよりわかりやすい形で取得してみましょう。次の SQL クエリを実行してみてください。

Sample420

```
01  SELECT
02    code,
03    resource.name,
04    price,
05    class_name.name
06  FROM resource
07  INNER JOIN class_name USING (class);
```

● 実行結果

```
+--------+----------------+-------+--------------------+
| code   | name           | price | name               |
+--------+----------------+-------+--------------------+
| 100001 | 英語テキスト    | 2500  | 教科書              |
| 100002 | 数学テキスト    | 2700  | 教科書              |
| 100003 | 国語テキスト    | 3000  | 教科書              |
| 100101 | 英語DVD        | 3000  | マルチメディアDVD    |
| 100102 | 数学学習ソフト  | 4900  | ソフトウェア         |
| 100103 | 英語学習ソフト  | 5400  | ソフトウェア         |
| 100201 | 国語副読本      | 1200  | 副読本              |
| 100202 | 英語問題集      | 2500  | 問題集              |
| 100203 | 数学問題集      | 2800  | 問題集              |
| 100C01 | 英語辞書        | 8200  | 辞書                |
+--------+----------------+-------+--------------------+
10 rows in set (0.00 sec)
```

class カラムの代わりに、一番右側にカラムに具体的なカテゴリ名で表示されており意味がわかりやすくなっています。一般的な SELECT 文の場合と同様に、内部結合で特定のカラムを表示する場合は、カラム名を入れます。

しかし、このケースは「name」という同じ名前のカラムが両方のテーブルに存在します。そういった場合は、Sample420 の SQL クエリのように「テーブル名.カラム名」として指定して区別します。これにより、「resource.name」は resource テーブルの name カラム、「class_name.name」は class_name テーブルの name カラムを意味することがわかります。

> **重要** 取得するカラムに結合するテーブルと共通のカラム名が存在する場合、どちらのテーブルのカラムかを区別できるように「テーブル名.カラム名」と記述しましょう。

複雑な内部結合

　内部結合をして得られた結果も、1つのテーブルを対象として検索する場合と同じように条件を付けられます。ここではさまざまな条件付きの内部結合を行ってみましょう。

◉ WHERE句を使った内部結合

　まずは、WHERE句を使った内部結合です。次のSQLクエリを実行してみてください。

Sample421

```
01  SELECT
02    code,
03    resource.name,
04    price,
05    class_name.name
06  FROM resource
07  INNER JOIN class_name USING (class)
08  WHERE price >= 3000;
```

● 実行結果

```
+--------+----------------+-------+--------------------+
| code   | name           | price | name               |
+--------+----------------+-------+--------------------+
| 100003 | 国語テキスト    | 3000  | 教科書             |
| 100101 | 英語DVD        | 3000  | マルチメディアDVD   |
| 100102 | 数学学習ソフト  | 4900  | ソフトウェア        |
| 100103 | 英語学習ソフト  | 5400  | ソフトウェア        |
| 100C01 | 英語辞書       | 8200  | 辞書               |
+--------+----------------+-------+--------------------+
5 rows in set (0.00 sec)
```

　Sample420の結果から、さらにpriceカラムの値が3000以上のレコードに絞り込まれて出力されました。このように、複数のテーブルを結合したものを、さらにさまざまな条件を付けて検索することも可能です。

◎ 並べ替えとあいまい検索

次は、並べ替えとあいまい検索を組み合わせてみましょう。次の SQL クエリを実行してみてください。

Sample422

```
01  SELECT
02    code,
03    resource.name,
04    price,
05    class_name.name
06  FROM resource
07  INNER JOIN class_name USING (class)
08  WHERE resource.name
09  LIKE '%英語%'
10  ORDER BY price DESC;
```

● 実行結果

```
+--------+----------------+-------+------------------+
| code   | name           | price | name             |
+--------+----------------+-------+------------------+
| 100C01 | 英語辞書        |  8200 | 辞書             |
| 100103 | 英語学習ソフト  |  5400 | ソフトウェア      |
| 100101 | 英語DVD        |  3000 | マルチメディアDVD |
| 100001 | 英語テキスト    |  2500 | 教科書           |
| 100202 | 英語問題集      |  2500 | 問題集           |
+--------+----------------+-------+------------------+
5 rows in set (0.00 sec)
```

ここでは、内部結合したテーブルの中から「resource.name」に「英語」という単語が含まれているレコードを取得しており、price カラムの値で降順に並べ替えています。

◉ 集約と集計関数の利用

続いて、集約と集計関数を利用してみることにしましょう。次の SQL クエリを実行してみてください。

Sample423

```
01  SELECT
02    class_name.name AS 'カテゴリ名',
03    MIN(price) AS '最低価格',
04    MAX(price) AS '最高価格'
05  FROM resource
06  INNER JOIN class_name USING (class)
07  GROUP BY class_name.name;
```

● 実行結果

```
+-------------------+----------+----------+
| カテゴリ名         | 最低価格 | 最高価格 |
+-------------------+----------+----------+
| ソフトウェア       |     4900 |     5400 |
| マルチメディアDVD  |     3000 |     3000 |
| 副読本            |     1200 |     1200 |
| 問題集            |     2500 |     2800 |
| 教科書            |     2500 |     3000 |
| 辞書             |     8200 |     8200 |
+-------------------+----------+----------+
6 rows in set (0.00 sec)
```

この SQL クエリは、各製品のカテゴリごとに最低価格と最高価格を求めています。また、カラム名がわかりにくくなるので、エイリアスを使って別名を付けています。

　最後に、Sample423 の SQL クエリに HAVING 句で条件を付けてみましょう。次の SQL クエリを実行してみてください。

Sample424

```
01  SELECT
02    class_name.name AS 'カテゴリ名',
03    MIN(price) AS '最低価格',
04    MAX(price) AS '最高価格'
05  FROM resource
06  INNER JOIN class_name USING (class)
07  GROUP BY class_name.name
08  HAVING COUNT(class_name.name) >= 2;
```

● 実行結果

```
+--------------+----------+----------+
| カテゴリ名   | 最低価格 | 最高価格 |
+--------------+----------+----------+
| ソフトウェア |     4900 |     5400 |
| 問題集       |     2500 |     2800 |
| 教科書       |     2500 |     3000 |
+--------------+----------+----------+
3 rows in set (0.00 sec)
```

　HAVING 句で、class_name.name カラムの値が 2 つ以上あるレコードに絞り込んでいます。このように、内部結合で得られた結果も、単独のテーブルと同じようにさまざまな処理を行うことができます。

次の問いに答えなさい。

(1) student テーブルと score テーブルを id カラムで内部結合し、すべてのカラムを表示させなさい。なお、結合方法には ON 句を使うこと。
(2) (1) の結合方法を USING 句に変えて内部結合を行い、すべてのカラムを表示させなさい。
(3) (2) で作成した SQL クエリを次の実行結果と同様の結果が得られるように書き替えなさい。

- (3) で期待される実行結果

```
+----------+----------+------+------+------+------+
| 学生番号 | 名前     | 学年 | 数学 | 英語 | 理科 |
+----------+----------+------+------+------+------+
|     1001 | 山田太郎 |    1 |   90 |   80 |   95 |
|     2001 | 太田隆   |    2 |   52 |   60 |  100 |
|     3001 | 林敦子   |    3 |   76 |   98 |   64 |
|     3002 | 市川次郎 |    3 |   30 |   20 |   45 |
+----------+----------+------+------+------+------+
4 rows in set (0.01 sec)
```

 解答例と解説

(1) で求める SQL クエリは次のとおりです。

(1) の SQL クエリ
```
01  SELECT * FROM student INNER JOIN score ON student.id = score.id;
```

内部結合には「INNER JOIN」を使います。指定された id カラムで内部結合します。その際の条件が「ON student.id = score.id;」です。実行結果は次のようになります。

● 実行結果

```
+------+-----------+-------+------+------+---------+---------+
| id   | name      | grade | id   | math | english | science |
+------+-----------+-------+------+------+---------+---------+
| 1001 | 山田太郎  |     1 | 1001 |   90 |      80 |      95 |
| 2001 | 太田隆    |     2 | 2001 |   52 |      60 |     100 |
| 3001 | 林敦子    |     3 | 3001 |   76 |      98 |      64 |
| 3002 | 市川次郎  |     3 | 3002 |   30 |      20 |      45 |
+------+-----------+-------+------+------+---------+---------+
```

　左側の 3 つ目までのカラムが student テーブル、それより右側が score テーブルの値です。両方のテーブルに id カラムが存在するため、ON 句で内部結合した場合、id カラムが 2 つ出現します。

　（2）は「ON student.id = score.id;」を「USING (id)」に変更すれば完成です。

（2）の SQL クエリ

```
01 SELECT * FROM student INNER JOIN score USING (id);
```

　なお、実行結果は次のようになります。

● 実行結果

```
+------+-----------+-------+------+---------+---------+
| id   | name      | grade | math | english | science |
+------+-----------+-------+------+---------+---------+
| 1001 | 山田太郎  |     1 |   90 |      80 |      95 |
| 2001 | 太田隆    |     2 |   52 |      60 |     100 |
| 3001 | 林敦子    |     3 |   76 |      98 |      64 |
| 3002 | 市川次郎  |     3 |   30 |      20 |      45 |
+------+-----------+-------+------+---------+---------+
4 rows in set (0.00 sec)
```

　内部結合に USING 句を使った場合、結合に使ったカラムが先頭にきます。この場合は id カラムが該当します。

　（3）はテーブルの構造自体は（2）と同じです。そのため、次のように各カラム名にエイリアスで別名を付ければ完成です。

(3) のSQLクエリ

```
01  SELECT
02    student.id AS '学生番号',
03    name AS '名前',
04    grade AS '学年',
05    math AS '数学',
06    english AS '英語',
07    science AS '理科'
08  FROM student INNER JOIN score USING(id);
```

　なお、SELECTで指定するidカラムに関しては、studentテーブルとscoreテーブルの両方に存在するので、どちらのテーブルに属するカラムなのかをはっきりさせるために「student.id」とします。

　また、この部分は「score.id」としても結果は同じです。

 **交差結合**

- 交差結合とは何かを学ぶ
- 交差結合の問題点を理解する

次に、**交差結合（こうさけつごう）**について説明します。交差結合とは、2 つのテーブルの全レコードを組み合わせる結合です。**クロス結合**とも呼ばれ、CROSS JOIN を使います。書式は以下のとおりです。

● 交差結合の書式
```
SELECT * FROM テーブル名1 CROSS JOIN テーブル名2;
```

では、resource テーブルと class_name テーブルの交差結合を行ってみます。SQL クエリは次のようになります。

Sample425
```
01  SELECT * FROM resource CROSS JOIN class_name;
```

● 実行結果
```
+--------+----------------+-------+-------+-------+------------------+
| code   | name           | class | price | class | name             |
+--------+----------------+-------+-------+-------+------------------+
| 100001 | 英語テキスト    | text  | 2500  | text  | 教科書            |
| 100001 | 英語テキスト    | text  | 2500  | mdvd  | マルチメディアDVD  |

                 ...中略...

| 100C01 | 英語辞書        | dict  | 8200  | dict  | 辞書              |
| 100C01 | 英語辞書        | dict  | 8200  | comp  | コンピューター    |
+--------+----------------+-------+-------+-------+------------------+
70 rows in set (0.00 sec)
```

結果からわかるとおり、2つのテーブルのレコードがすべて組み合わされて取得されていることがわかります。

resourceテーブルのレコード数は10、class_nameのレコード数は7なので、10×7=70行のレコードが出力されています。

交差結合は2つのテーブルのすべての組み合わせが出ることがわかります。

重要 交差結合では、結合したテーブルのすべてのレコードの組み合わせが得られます。

◉ 検索結果の絞り込み

なお、交差結合でもほかの結合と同様に、WHERE句で条件を設定し、結果を絞り込むことも可能です。

Sample426
```
01  SELECT * FROM resource
02  CROSS JOIN class_name
03  WHERE resource.class = class_name.class;
```

● 実行結果
```
+--------+----------------+-------+-------+-------+------------------+
| code   | name           | class | price | class | name             |
+--------+----------------+-------+-------+-------+------------------+
| 100001 | 英語テキスト     | text  | 2500  | text  | 教科書            |
| 100002 | 数学テキスト     | text  | 2700  | text  | 教科書            |
| 100003 | 国語テキスト     | text  | 3000  | text  | 教科書            |
| 100101 | 英語DVD         | mdvd  | 3000  | mdvd  | マルチメディアDVD  |
| 100102 | 数学学習ソフト   | sftw  | 4900  | sftw  | ソフトウェア       |
| 100103 | 英語学習ソフト   | sftw  | 5400  | sftw  | ソフトウェア       |
| 100201 | 国語副読本      | sbtx  | 1200  | sbtx  | 副読本            |
| 100202 | 英語問題集      | pbbk  | 2500  | pbbk  | 問題集            |
| 100203 | 数学問題集      | pbbk  | 2800  | pbbk  | 問題集            |
| 100C01 | 英語辞書        | dict  | 8200  | dict  | 辞書              |
+--------+----------------+-------+-------+-------+------------------+
10 rows in set (0.00 sec)
```

この検索は、交差結合したresourceテーブルとclass_nameテーブルから、それぞれのテーブルのclassカラムが一致するもののみを表示したものです。

Sample418と同じ結果が得られます。

● 交差結合の問題点

　交差結合の問題点は、**テーブル間のすべてのレコードの組み合わせを表示するため、結果が膨大になる可能性がある**ということです。使い方を誤ると、**データベースの検索スピードが著しく低下する可能性があります。**

　そのため複数のテーブルを結合する場合は、ここで紹介した内部結合、もしくは168ページで説明する外部結合のどちらかを使う場合がほとんどです。

注意

　交差結合は検索スピードが著しく低下する可能性があります。

3 練習問題

● 正解は 302 ページ

問題 4-1 ★ ☆ ☆

student テーブルと score テーブルを id カラムで内部結合し、次の実行結果と同様の結果が得られる SQL クエリを作成しなさい。

● 期待される実行結果

```
+----------+----------+------+------+------+------+
| 学生番号  | 名前      | 学年 | 英語 | 数学 | 理科 |
+----------+----------+------+------+------+------+
|     1001 | 山田太郎  |    1 |   80 |   90 |   95 |
|     2001 | 太田隆    |    2 |   60 |   52 |  100 |
|     3001 | 林敦子    |    3 |   98 |   76 |   64 |
|     3002 | 市川次郎  |    3 |   20 |   30 |   45 |
+----------+----------+------+------+------+------+
4 rows in set (0.00 sec)
```

問題 4-2 ★ ★ ☆

student テーブルと score テーブルを id カラムで内部結合し、次のように英語のテストの点数を結果がよい順に、学生の名前、学生番号、学年を表示する SQL クエリを作成しなさい。

● 期待される実行結果

```
+------+-----------+-----------+------+
| 英語 | 名前      | 学生番号  | 学年 |
+------+-----------+-----------+------+
|   98 | 林敦子    |      3001 |    3 |
|   80 | 山田太郎  |      1001 |    1 |
|   60 | 太田隆    |      2001 |    2 |
|   20 | 市川次郎  |      3002 |    3 |
+------+-----------+-----------+------+
4 rows in set (0.00 sec)
```

 問題 4-3 ★ ★ ☆

student テーブルと score テーブルを id カラムで内部結合し、次のように学年ごとにテストの各科目の平均値を求める SQL クエリを作成しなさい。
その際、学年が低いほうから順番に表示させること。

● 期待される実行結果

```
+------+--------------+--------------+--------------+
| 学年 | 英語の平均点 | 数学の平均点 | 数学の平均点 |
+------+--------------+--------------+--------------+
|    1 |      80.0000 |      90.0000 |      95.0000 |
|    2 |      60.0000 |      52.0000 |     100.0000 |
|    3 |      59.0000 |      53.0000 |      54.5000 |
+------+--------------+--------------+--------------+
3 rows in set (0.00 sec)
```

 問題 4-4

　resource テーブルと class_name テーブルを class カラムで内部結合し、次のように各カテゴリごとに商品数が多い順で表示する SQL クエリを作成しなさい。

　ただし、表示するのは商品数が 2 つ以上のものに限る。

● **期待される実行結果**

```
+--------------+--------+
| カテゴリ名   | 商品数 |
+--------------+--------+
| 教科書       |      3 |
| ソフトウェア |      2 |
| 問題集       |      2 |
+--------------+--------+
3 rows in set (0.00 sec)
```

5日目

テーブルの結合② ／サブクエリ

1) テーブルの結合②

- ▶ 外部結合について学習する
- ▶ 外部結合と内部結合を比較して違いを理解する
- ▶ 3つ以上のテーブルの結合について学習する

1-1 外部結合

POINT

- 外部結合について理解する
- 複数の結合方法について理解する
- 内部結合との違いを理解する

● 外部結合

テーブルの結合について、5日目も引き続き学習していきましょう。

すでに内部結合・交差結合について学びましたが、ここでは**外部結合（がいぶけつごう）**について学習します。

◉ 新しいデータの追加

外部結合を説明するにあたり、購入履歴を記録する purchase_history テーブルを新しく追加しましょう。purchase_history テーブルには、resource テーブルにある商品がいつ、どれだけ購入されたかという情報をまとめます。

追加するテーブルの概要は次のとおりです。ここに出てくる商品コードは、resource テーブルに対応しています。

- purchase_historyテーブルの構造

項目	カラム名	データ型	制約
日付	date	DATE	NOT NULL
商品コード	code	CHAR(6)	NOT NULL
販売数	num	INT	NOT NULL

purchase_history テーブルに、次のデータがある状態とします。

- purchase_historyテーブルのデータ

date	code	num
2021/1/13	100001	100
2021/1/17	100002	20
2021/2/1	100103	31
2021/2/3	100101	5
2021/3/5	100203	31
2021/3/12	100003	13
2021/4/30	100201	24
2021/5/9	100001	50
2021/7/19	100C02	10
2021/8/25	100102	5

Data501.sql の SQL クエリをコピー＆ペーストして、実行してください。

Data501.sql

```
01 # デフォルトデータベースをschoolデータベースに切り替える
02 USE school;
03
04 # purchase_historyテーブルを作成する
05 CREATE TABLE purchase_history(
06     date DATE NOT NULL,
07     code CHAR(6) NOT NULL,
08     num INT NOT NULL
09 );
10
11 # データを追加する
12 INSERT INTO purchase_history VALUES ('2021/1/13', '100001', 100);
13 INSERT INTO purchase_history VALUES ('2021/1/17', '100002', 20);
14 INSERT INTO purchase_history VALUES ('2021/2/1', '100103', 31);
15 INSERT INTO purchase_history VALUES ('2021/2/3', '100101', 5);
16 INSERT INTO purchase_history VALUES ('2021/3/5', '100203', 31);
17 INSERT INTO purchase_history VALUES ('2021/3/12', '100003',13);
```

5日目 テーブルの結合②／サブクエリ

```
18  INSERT INTO purchase_history VALUES ('2021/4/30', '100201', 24);
19  INSERT INTO purchase_history VALUES ('2021/5/9', '100001', 50);
20  INSERT INTO purchase_history VALUES ('2021/7/19', '100C02', 10);
21  INSERT INTO purchase_history VALUES ('2021/8/25', '100102', 5);
```

purchase_history テーブルを確認してみましょう。

Sample501

```
01  SELECT * FROM purchase_history;
```

● 実行結果

```
+------------+--------+-----+
| date       | code   | num |
+------------+--------+-----+
| 2021-01-13 | 100001 | 100 |
| 2021-01-17 | 100002 |  20 |
| 2021-02-01 | 100103 |  31 |
| 2021-02-03 | 100101 |   5 |
| 2021-03-05 | 100203 |  31 |
| 2021-03-12 | 100003 |  13 |
| 2021-04-30 | 100201 |  24 |
| 2021-05-09 | 100001 |  50 |
| 2021-07-19 | 100C02 |  10 |
| 2021-08-25 | 100102 |   5 |
+------------+--------+-----+
10 rows in set (0.00 sec)
```

◉ 外部結合とは

　内部結合が一致するカラムの値で結合させていたのに対し、**外部結合は指定したカラムの値が一致するレコードに加えて、どちらかのテーブルにしか存在しないレコードも取得します**。

◉ 外部結合の種類

　外部結合には、**左外部結合（LEFT OUTER JOIN）**と**右外部結合（RIGHT OUTER JOIN）**があります。それぞれの書式は次のとおりです。

- LEFT OUTER JOIN句の書式

```
SELECT ... FROM テーブル名1
LEFT OUTER JOIN テーブル名2
ON テーブル名1.カラム名1 = テーブル名2.カラム名2;
```

- RIGHT OUTER JOIN句の書式

```
SELECT ... FROM テーブル名1
RIGHT OUTER JOIN テーブル名2
ON テーブル名1.カラム名1 = テーブル名2.カラム名2;
```

- 外部結合の構文

構文	内容
LEFT OUTER JOIN	FROMのあとに書かれたテーブルのレコードはすべて取得する
RIGHT OUTER JOIN	JOINのあとに書かれたテーブルのレコードはすべて取得する

◉ 外部結合の実行

では、code カラムの値をもとに、外部結合を行ってみることにしましょう。まずは LEFT OUTER JOIN 句を使った SQL クエリです。

Sample502
```
01 SELECT * FROM purchase_history
02 LEFT OUTER JOIN resource
03 ON purchase_history.code = resource.code;
```

- 実行結果（LEFT OUTER JOINの場合）

```
+------------+--------+-----+--------+-----------------+-------+-------+
| date       | code   | num | code   | name            | class | price |
+------------+--------+-----+--------+-----------------+-------+-------+
| 2021-01-13 | 100001 | 100 | 100001 | 英語テキスト     | text  |  2500 |
| 2021-01-17 | 100002 |  20 | 100002 | 数学テキスト     | text  |  2700 |
| 2021-02-01 | 100103 |  31 | 100103 | 英語学習ソフト   | sftw  |  5400 |
| 2021-02-03 | 100101 |   5 | 100101 | 英語DVD         | mdvd  |  3000 |
| 2021-03-05 | 100203 |  31 | 100203 | 数学問題集       | pbbk  |  2800 |
| 2021-03-12 | 100003 |  13 | 100003 | 国語テキスト     | text  |  3000 |
| 2021-04-30 | 100201 |  24 | 100201 | 国語副読本       | sbtx  |  1200 |
| 2021-05-09 | 100001 |  50 | 100001 | 英語テキスト     | text  |  2500 |
| 2021-07-19 | 100C02 |  10 | NULL   | NULL            | NULL  |  NULL |
| 2021-08-25 | 100102 |   5 | 100102 | 数学学習ソフト   | sftw  |  4900 |
+------------+--------+-----+--------+-----------------+-------+-------+
10 rows in set (0.01 sec)
```

実行結果では、10レコード表示されます。

Sample502のSQLクエリの「LEFT OUTER JOIN」を「RIGHT OUTER JOIN」に書き替えて、実行してみましょう。

Sample503

```
01  SELECT * FROM purchase_history
02  RIGHT OUTER JOIN resource
03  ON purchase_history.code = resource.code;
```

● 実行結果（RIGHT OUTER JOINの場合）

```
+------------+--------+------+--------+-----------------+-------+-------+
| date       | code   | num  | code   | name            | class | price |
+------------+--------+------+--------+-----------------+-------+-------+
| 2021-01-13 | 100001 |  100 | 100001 | 英語テキスト     | text  |  2500 |
| 2021-01-17 | 100002 |   20 | 100002 | 数学テキスト     | text  |  2700 |
| 2021-02-01 | 100103 |   31 | 100103 | 英語学習ソフト   | sftw  |  5400 |
| 2021-02-03 | 100101 |    5 | 100101 | 英語DVD          | mdvd  |  3000 |
| 2021-03-05 | 100203 |   31 | 100203 | 数学問題集       | pbbk  |  2800 |
| 2021-03-12 | 100003 |   13 | 100003 | 国語テキスト     | text  |  3000 |
| 2021-04-30 | 100201 |   24 | 100201 | 国語副読本       | sbtx  |  1200 |
| 2021-05-09 | 100001 |   50 | 100001 | 英語テキスト     | text  |  2500 |
| 2021-08-25 | 100102 |    5 | 100102 | 数学学習ソフト   | sftw  |  4900 |
| NULL       | NULL   | NULL | 100202 | 英語問題集       | pbbk  |  2500 |
| NULL       | NULL   | NULL | 100C01 | 英語辞書         | dict  |  8200 |
+------------+--------+------+--------+-----------------+-------+-------+
11 rows in set (0.00 sec)
```

右外部結合の実行結果は11レコードあります。同じテーブル同士の結合であるのにもかかわらず、取得されるレコード数が違うのはなぜでしょう？　また、どちらの結果にも内部結合では見たことのない「NULL」が出現しています。一体この違いはどういった理由なのでしょうか？

重要

同じテーブルを結合しても、LEFT OUTER JOIN と RIGHT OUTER JOIN では結果が異なる場合があります。

◎ 結果が異なる理由

左外部結合の場合、**左側にある purchase_history テーブルにあるレコードはすべて表示されます。**

しかし、code カラムにある「100C02」と同じ値が、resource テーブルの code カラムに存在しません。そのような場合は、**「該当するレコードがない」**ことを表すために、**右側、つまり resource テーブル側には、NULL が表示されます。**

• 左外部結合

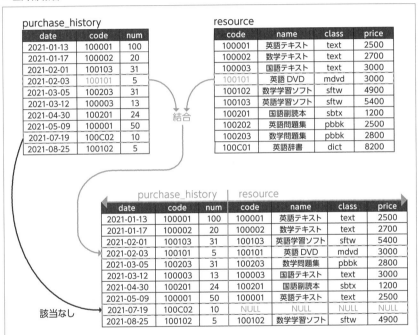

重要

LEFT OUTER JOIN では、左側のテーブルのデータがすべて表示されます。右側に該当するデータがない場合、その部分は NULL となります。

同様に右外部結合のケースを見てみると、今度は**右側にある resource テーブルのデータはすべて表示されます。**ここの code カラムに出てくる「100202」および「100C01」は、purchase_history テーブルには存在しません。そのため、**この場合は左側、つまり purchase_history テーブル側に該当するレコードの値が NULL にな**

りるす。

- 右外部結合

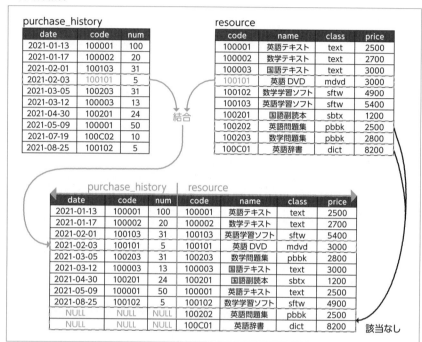

重要

RIGHT OUTER JOIN では、右のテーブルのデータがすべて表示されます。左側に該当するデータがない場合、その部分は NULL となります。

◉ USING句による結合

なお、これらの結合の条件は、内部結合と同様、カラム名が共通の場合は、USING句を使用できます。次の SQL クエリは、USING 句を使って左外部結合を行います。code カラムが先頭になり、それ以外はそれぞれのテーブルのカラムが表示されていることがわかります。実行結果は異なりますが、内容は ON 句で接続した場合と変わりません。

Sample504

```
01 SELECT * FROM purchase_history LEFT OUTER JOIN resource USING (code);
```

● 実行結果

```
+--------+------------+-----+----------------+-------+-------+
| code   | date       | num | name           | class | price |
+--------+------------+-----+----------------+-------+-------+
| 100001 | 2021-01-13 | 100 | 英語テキスト     | text  | 2500  |
| 100002 | 2021-01-17 | 20  | 数学テキスト     | text  | 2700  |
| 100103 | 2021-02-01 | 31  | 英語学習ソフト   | sftw  | 5400  |
| 100101 | 2021-02-03 | 5   | 英語DVD        | mdvd  | 3000  |
| 100203 | 2021-03-05 | 31  | 数学問題集      | pbbk  | 2800  |
| 100003 | 2021-03-12 | 13  | 国語テキスト     | text  | 3000  |
| 100201 | 2021-04-30 | 24  | 国語副読本      | sbtx  | 1200  |
| 100001 | 2021-05-09 | 50  | 英語テキスト     | text  | 2500  |
| 100C02 | 2021-07-19 | 10  | NULL           | NULL  | NULL  |
| 100102 | 2021-08-25 | 5   | 数学学習ソフト   | sftw  | 4900  |
+--------+------------+-----+----------------+-------+-------+
10 rows in set (0.00 sec)
```

続いて、右外部結合で USING 句を使ってみましょう。

Sample505

```
01 SELECT * FROM purchase_history RIGHT OUTER JOIN resource USING (code);
```

● 実行結果

```
+--------+----------------+-------+-------+------------+------+
| code   | name           | class | price | date       | num  |
+--------+----------------+-------+-------+------------+------+
| 100001 | 英語テキスト     | text  | 2500  | 2021-01-13 | 100  |
| 100002 | 数学テキスト     | text  | 2700  | 2021-01-17 | 20   |
| 100103 | 英語学習ソフト   | sftw  | 5400  | 2021-02-01 | 31   |
| 100101 | 英語DVD        | mdvd  | 3000  | 2021-02-03 | 5    |
| 100203 | 数学問題集      | pbbk  | 2800  | 2021-03-05 | 31   |
| 100003 | 国語テキスト     | text  | 3000  | 2021-03-12 | 13   |
| 100201 | 国語副読本      | sbtx  | 1200  | 2021-04-30 | 24   |
| 100001 | 英語テキスト     | text  | 2500  | 2021-05-09 | 50   |
| 100102 | 数学学習ソフト   | sftw  | 4900  | 2021-08-25 | 5    |
| 100202 | 英語問題集      | pbbk  | 2500  | NULL       | NULL |
| 100C01 | 英語辞書        | dict  | 8200  | NULL       | NULL |
+--------+----------------+-------+-------+------------+------+
11 rows in set (0.00 sec)
```

内部結合との違い

　では、外部結合と内部結合には、どのような違いがあるのでしょうか。参考のために、purchase_history テーブルと resource テーブルを内部結合させてみましょう。

Sample506
```
01 SELECT * FROM purchase_history INNER JOIN resource USING (code);
```

● 実行結果

```
+--------+------------+-----+----------------+-------+-------+
| code   | date       | num | name           | class | price |
+--------+------------+-----+----------------+-------+-------+
| 100001 | 2021-01-13 | 100 | 英語テキスト     | text  | 2500  |
| 100002 | 2021-01-17 | 20  | 数学テキスト     | text  | 2700  |
| 100103 | 2021-02-01 | 31  | 英語学習ソフト   | sftw  | 5400  |
| 100101 | 2021-02-03 | 5   | 英語DVD         | mdvd  | 3000  |
| 100203 | 2021-03-05 | 31  | 数学問題集       | pbbk  | 2800  |
| 100003 | 2021-03-12 | 13  | 国語テキスト     | text  | 3000  |
| 100201 | 2021-04-30 | 24  | 国語副読本       | sbtx  | 1200  |
| 100001 | 2021-05-09 | 50  | 英語テキスト     | text  | 2500  |
| 100102 | 2021-08-25 | 5   | 数学学習ソフト   | sftw  | 4900  |
+--------+------------+-----+----------------+-------+-------+
9 rows in set (0.00 sec)
```

　今度は 9 レコードになりました。

　実行結果からわかるとおり、共通していない code カラムの「100C02」「100202」「100C01」があるレコードは取得されていません。

　つまり、両方のテーブルに code カラムで共通する値のあるレコードしか取得されていません。

　内部結合は指定したカラムに共通の値があるレコードのみを結合するのに対して、外部結合は指定したカラムに共通の値がないレコードも結合したうえで、該当する値がないカラムには、NULL を入れて取得するという違いがあります。

● 内部結合と外部結合の違い

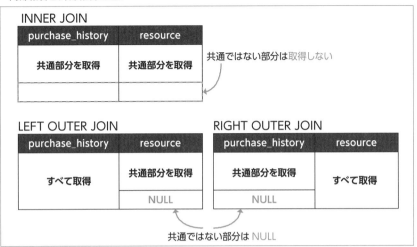

重要

内部結合：両方のテーブルに存在するレコードを取得する結合です。

外部結合：基準となるテーブルに存在すればレコードを取得する結合です。

完全外部結合

RDB の外部結合には、左外部結合、右外部結合以外に、**完全外部結合（FULL OUTER JOIN）** と呼ばれるものも存在します。完全外部結合は、両方のテーブルを基準とし、それぞれに一致しないレコードも取得結果に含めます。しかし、MySQL にはこの機能はありません。MySQL で完全外部結合を行いたい場合は、ほかの機能を使って疑似的に行う必要があります。

注意

MySQL には完全外部結合を行う機能がありません。

NULL のフィールドを別の値で埋める

ところで、外部結合でレコードを取得すると、NULL が表示されるため見栄えが悪くなってしまいました。NULL がデータが存在しないということを表すのはわかるものの、もう少し何とかならないものでしょうか？

実は、そんなときに大変便利な関数があります。それが **IFNULL 関数**です。この関数を使うと、NULL を別の値に置き替えることができます。

◉ IFNULL関数の書式

IFNULL 関数を含む SQL クエリの書式は次のようになります。

● IFNULL関数の書式

```
SELECT IFNULL(カラム名, 置き替える値) FROM テーブル名;
```

これにより、指定したカラムの値に NULL があると、指定した値に置き替えられます。

◉ IFNULL関数を使ってみる

最初は左外部結合を例に見てみましょう。

次の SQL クエリは、日付ごとにどの商品が何個売れたかを検索します。「商品名」が NULL になる可能性があるため、「IFNULL(name,'<< 該当なし >>')」とすることで、NULL の場合には「<< 該当なし >>」という文字列が表示されるようにしています。

Sample507

```
01  SELECT
02    date AS '日付',
03    code AS '商品コード',
04    IFNULL(name,'<< 該当なし >>') AS '商品名',
05    num AS '販売数'
06  FROM purchase_history
07  LEFT OUTER JOIN resource USING (code);
```

● 実行結果

```
+------------+------------+------------------+--------+
| 日付       | 商品コード | 商品名           | 販売数 |
+------------+------------+------------------+--------+
| 2021-01-13 | 100001     | 英語テキスト     |    100 |
| 2021-01-17 | 100002     | 数学テキスト     |     20 |
| 2021-02-01 | 100103     | 英語学習ソフト   |     31 |
| 2021-02-03 | 100101     | 英語DVD          |      5 |
| 2021-03-05 | 100203     | 数学問題集       |     31 |
| 2021-03-12 | 100003     | 国語テキスト     |     13 |
| 2021-04-30 | 100201     | 国語副読本       |     24 |
```

```
| 2021-05-09 | 100001      | 英語テキスト    |    50 |
| 2021-07-19 | 100C02      | << 該当なし >>  |    10 |
| 2021-08-25 | 100102      | 数学学習ソフト  |     5 |
+------------+-------------+-----------------+-------+
10 rows in set (0.00 sec)
```

次は右外部結合の例を見てみましょう。「日付」と「販売数」がそれぞれ NULL に
なる可能性があるため、「日付」に関しては文字列の「--」に、販売数に関しては数
値の 0 に置き替えています。

Sample508
```
01  SELECT
02    IFNULL(date,'--') AS '日付',
03    code AS '商品コード',
04    name AS '商品名',
05    IFNULL(num,0) AS '販売数'
06  FROM purchase_history
07  RIGHT OUTER JOIN resource USING (code);
```

● 実行結果
```
+------------+-------------+-----------------+-------+
| 日付        | 商品コード  | 商品名           | 販売数 |
+------------+-------------+-----------------+-------+
| 2021-01-13 | 100001      | 英語テキスト     |   100 |
| 2021-01-17 | 100002      | 数学テキスト     |    20 |
| 2021-02-01 | 100103      | 英語学習ソフト   |    31 |
| 2021-02-03 | 100101      | 英語DVD         |     5 |
| 2021-03-05 | 100203      | 数学問題集       |    31 |
| 2021-03-12 | 100003      | 国語テキスト     |    13 |
| 2021-04-30 | 100201      | 国語副読本       |    24 |
| 2021-05-09 | 100001      | 英語テキスト     |    50 |
| 2021-08-25 | 100102      | 数学学習ソフト   |     5 |
| --         | 100202      | 英語問題集       |     0 |
| --         | 100C01      | 英語辞書         |     0 |
+------------+-------------+-----------------+-------+
11 rows in set (0.00 sec)
```

重要 IFNULL 関数を使って NULL を別の値に置き替えできます。

177

例題 5-1 ★ ★ ☆

purchase_history テーブルと resource テーブルを外部結合して、次の実行結果を得られる SQL クエリを作成しなさい。カラム名は該当するものにエイリアスで別名を付けること。

なお商品名のフィールドが NULL になる場合は、「<< 該当なし >>」という文字列に置き替えなさい。

● 期待される実行結果

```
+------------+----------------+--------+
| 商品コード | 商品名         | 販売数 |
+------------+----------------+--------+
|   100001   | 英語テキスト   |   150  |
|   100002   | 数学テキスト   |    20  |
|   100003   | 国語テキスト   |    13  |
|   100101   | 英語DVD        |     5  |
|   100102   | 数学学習ソフト |     5  |
|   100103   | 英語学習ソフト |    31  |
|   100201   | 国語副読本     |    24  |
|   100203   | 数学問題集     |    31  |
|   100C02   | << 該当なし >> |    10  |
+------------+----------------+--------+
9 rows in set (0.00 sec)
```

 解答例と解説

例題5-1のSQLクエリ

```
01  SELECT
02    code AS '商品コード',
03    IFNULL(name,'<< 該当なし >>') AS '商品名',
04    SUM(num) AS '販売数'
05  FROM purchase_history
06  LEFT OUTER JOIN resource USING (code)
07  GROUP BY code;
```

期待される実行結果では、商品ごとの合計販売数が取得されています。name（商品名）に「<< 該当なし >>」があることから、**purchase_history テーブルに**

<u>resource テーブルを左外部結合していることがわかります。</u>

　商品ごとに「GROUP BY」でグループ化する必要がありますが、name カラムの値が NULL になる可能性があるため、code カラムでまとめます。また、カラム名はエイリアスで code を「商品コード」、name を「商品名」、SUM(num) を「販売数」と別名を付けます。

　なお、name カラムに関しては NULL の場合、IFNULL 関数で「<< 該当なし >>」に置き替えられます。

テーブルの結合②／サブクエリ

1-2 3つ以上のテーブルの結合

POINT

- 3つ以上のテーブルを結合する方法について学ぶ
- 結合するテーブルの重複するカラム名の扱いについて学ぶ

複数の結合の利用

ここまで、内部結合、交差結合、外部結合とさまざまなテーブルの結合方法について説明してきましたが、これらの機能を複数回使って3つ以上のテーブルを結合することも可能です。ここではその例を紹介しましょう。

3つのテーブルの結合

次のSQLクエリは、purchase_historyテーブル、resourceテーブル、class_nameテーブルの3テーブルを結合します。

少し長いですが、入力・実行してみてください。

Sample509

```
01  SELECT
02    date AS '日付',
03    resource.name AS '商品名',
04    class_name.name AS '商品カテゴリ',
05    num AS '商品数',
06    price AS '単価'
07  FROM purchase_history
08  INNER JOIN resource USING (code)
09  INNER JOIN class_name USING (class);
```

- 実行結果

```
+------------+----------------+------------------+--------+------+
| 日付       | 商品名         | 商品カテゴリ     | 商品数 | 単価 |
+------------+----------------+------------------+--------+------+
| 2021-01-13 | 英語テキスト   | 教科書           |    100 | 2500 |
| 2021-01-17 | 数学テキスト   | 教科書           |     20 | 2700 |
| 2021-02-01 | 英語学習ソフト | ソフトウェア     |     31 | 5400 |
```

```
| 2021-02-03 | 英語DVD          | マルチメディアDVD |     5 | 3000 |
| 2021-03-05 | 数学問題集       | 問題集            |    31 | 2800 |
| 2021-03-12 | 国語テキスト     | 教科書            |    13 | 3000 |
| 2021-04-30 | 国語副読本       | 副読本            |    24 | 1200 |
| 2021-05-09 | 英語テキスト     | 教科書            |    50 | 2500 |
| 2021-08-25 | 数学学習ソフト   | ソフトウェア      |     5 | 4900 |
+------------+----------------+--------------------+-------+------+
9 rows in set (0.00 sec)
```

　実行結果からわかるとおり、販売した日付、商品名、商品数に、商品カテゴリと単価をあわせて取得しています。この結果に必要なデータとそのデータが存在するテーブルの組み合わせは、次のとおりです。

● 取得するデータの種類とそのデータが存在するテーブル

データ	カラム名	存在するテーブル	備考
日付	date	purchase_history	なし
商品名	name	resource	purchase_historyテーブルとはcodeカラムで結合可能
商品カテゴリ	name	class_name	resourceテーブルとはclassカラムで結合可能
商品数	num	purchase_history	なし
単価	resource	price	なし

　この結合は、次のようなプロセスを経て行われます。まず、purchase_history テーブルと resource テーブルの結合を行い、その結果に対して class_name テーブルを結合させます。

● 複数のテーブルを結合する手順

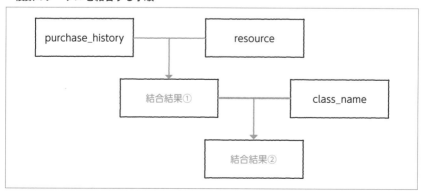

◉ カラム名の重複

　最終的な実行結果を得る際に気を付けなくてはならないのが、カラム名の重複です。

　resource_name テーブル、class_name テーブルはともに、name カラムがあります。前者は商品名、後者はカテゴリ名を表しており、役割が異なります。そのため、商品名は「resource_name.name」、カテゴリ名は「class_name.name」として区別しています。

　このように、**多数のテーブルを結合するとカラム名が重複することがあるので気を付けましょう**。

注意

テーブル結合時にはカラム名の重複に注意してください。

2 サブクエリ

- ● サブクエリについて学習する
- ● さまざまパターンのサブクエリについて学習する

2-1 サブクエリ

POINT

- • サブクエリの概念を理解する
- • サブクエリの種類について理解する
- • 各種サブクエリのサンプルに触れる

● サブクエリとは何か

今まで扱った SQL クエリでは、クエリ（命令）が 1 つだけでした。しかし、SQL クエリは、クエリの中に別のクエリを入れ子にして埋め込むことができます。

例えば、「クラス内で英語のテストが 80 点以上の生徒を検索する」というクエリに、「クラス内で数学のテストが 80 点以上の生徒を検索する」というクエリを付け加えて、複数の条件で検索をすることができます。

このとき、クエリの中に埋め込まれたクエリのことを**サブクエリ**、もしくは**副問い合わせ（ふくといあわせ）**といいます。これに対し、サブクエリを埋め込んだクエリのことを**メインクエリ**といいます。

用語

サブクエリ（副問い合わせ）
クエリの中に埋め込まれたクエリ

◉ サブクエリのパターン

サブクエリの使い方には、次のようなパターンがあります。

① WHERE 句にあるサブクエリ
② FROM 句にあるサブクエリ
③ SELECT 句にあるサブクエリ
④ HAVING 句にあるサブクエリ

本書では、比較的に簡単な①と②を紹介します。

WHERE 句にあるサブクエリ

WHERE 句にサブクエリを入れる場合は、サブクエリで取得した結果を検索の条件式に使うことができます。

◉ サブクエリの書式

書式は次のとおりです。WHERE 句でカラムの値などと比較する値にサブクエリで取得した結果を使います。

● WHERE句にサブクエリがある場合の書式例

```
SELECT カラム名1 FROM テーブル名1
WHERE カラム名1 = (SELECT カラム名2 FROM テーブル名);
```

なお、サブクエリの SELECT 文は、上記のように全体を ( ) で囲んで記述します。

このようにサブクエリを使うことで、**ほかのテーブルから取得した何らかの値を使って別の SELECT 文を実行できます**。

● WHERE句によるサブクエリ

```
SELECT カラム名 FROM テーブル名
WHERE カラム名 = (SELECT カラム名 FROM テーブル名 WHERE カラム名 = 値 );
```

メインクエリ	サブクエリ

なお書式例では、= 演算子を使っていますが、「<」や「>=」などほかの比較演算子も同じように使えます。

◉ サブクエリの使用例

では、サブクエリを使った SQL クエリを実行してみましょう。

Sample510
```
01  SELECT * FROM resource
02  WHERE class = (SELECT class FROM class_name WHERE name = '教科書');
```

● 実行結果

```
+--------+--------------+-------+-------+
| code   | name         | class | price |
+--------+--------------+-------+-------+
| 100001 | 英語テキスト  | text  |  2500 |
| 100002 | 数学テキスト  | text  |  2700 |
| 100003 | 国語テキスト  | text  |  3000 |
+--------+--------------+-------+-------+
3 rows in set (0.00 sec)
```

なぜこのような実行結果になるのかを理解するため、サブクエリとして ( ) 内に記述した以下の SQL クエリを単独で実行してみることにしましょう。

Sample511
```
01  SELECT class FROM class_name WHERE name = '教科書';
```

● 実行結果

```
+-------+
| class |
+-------+
| text  |
+-------+
1 row in set (0.00 sec)
```

サブクエリは、class_name テーブルから name カラムの値が「教科書」であるレコードの class カラムの値を取得します。その際、「text」が得られるため、Sample510 の SQL クエリは次の SQL と同じ意味になっていることがわかります。

Sample512
```
01 SELECT * FROM resource WHERE class ='text';
```

● サブクエリ①

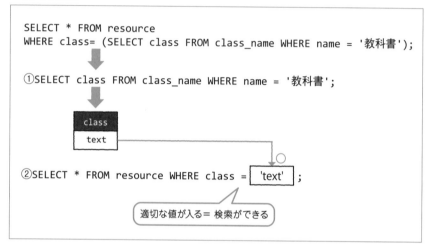

```
SELECT * FROM resource
WHERE class= (SELECT class FROM class_name WHERE name = '教科書');
```

①SELECT class FROM class_name WHERE name = '教科書';

class
text

②SELECT * FROM resource WHERE class = 'text' ;

適切な値が入る= 検索ができる

◉ サブクエリを用いる際の注意点

なお、Sample510 のような比較演算子を使った比較を行う場合は、**サブクエリは1つのカラムの値だけを取得し、そして取得するデータは1つだけでなければなりません**。

例えば、以下のような SQL クエリを実行するとエラーが発生します。

Sample513
```
01 SELECT * FROM resource
02 WHERE class= (SELECT class FROM class_name WHERE class LIKE 's___');
```

● 実行結果
```
ERROR 1242 (21000): Subquery returns more than 1 row
```

エラーメッセージを日本語に訳すと、「サブクエリは1行以上返しています」となります。一体なぜこのようなことになるのでしょうか？ サブクエリ部分の SQL クエリのみを実行するとわかります。

Sample514

```
01 SELECT class FROM class_name WHERE class LIKE 's___';
```

● 実行結果

```
+-------+
| class |
+-------+
| sftw  |
| sbtx  |
+-------+
2 rows in set (0.00 sec)
```

このサブクエリは、class_name テーブルの class カラムから、s からはじまる4文字である値を取得します。

つまり、サブクエリから得られる値が「sftw」と「sbtx」の2つあることからエラーが発生するのです。

● サブクエリ②

```
SELECT * FROM resource
WHERE class= (SELECT class FROM class_name WHERE class LIKE 's___');
```

①SELECT class FROM class_name WHERE class LIKE 's___';

class
sftw
sbtx

②SELECT * FROM resource WHERE class = [　　] ;

適切な値が入らない ＝ エラーが発生する

なお、このような場合には、次のようにするとエラーが発生しません。

Sample515

```
01 SELECT * FROM resource
02 WHERE class
03 IN (SELECT class FROM class_name WHERE class LIKE 's___');
```

187

● 実行結果

```
+--------+----------------+-------+-------+
| code   | name           | class | price |
+--------+----------------+-------+-------+
| 100102 | 数学学習ソフト   | sftw  |  4900 |
| 100103 | 英語学習ソフト   | sftw  |  5400 |
| 100201 | 国語副読本       | sbtx  |  1200 |
+--------+----------------+-------+-------+
3 rows in set (0.00 sec)
```

　このSQLクエリは、classカラムの値が「sftw」か「sbtx」のレコードを取得できます。
IN句を使うことでサブクエリの結果が2つ以上になってもエラーになりません。

● サブクエリ③

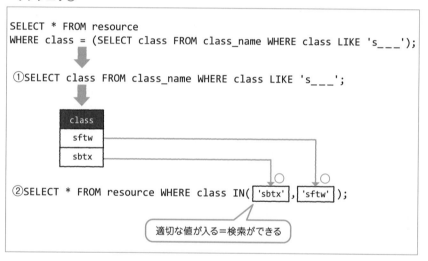

サブクエリを使う場合は、文法的整合性によく注意する必要があります。

注意

188

◎ ANY句とSOME句

ところで、IN 句を使わずに Sample513 の SQL クエリを書き替える方法はないのでしょうか。

Sample513（再掲載）
```
01  SELECT * FROM resource
02  WHERE class = (SELECT class FROM class_name WHERE class LIKE 's___');
```

実は、次のように書き替えることが可能です。

Sample516
```
01  SELECT * FROM resource
02  WHERE class =
03  ANY (SELECT class FROM class_name WHERE class LIKE 's___');
```

• 実行結果

```
+--------+----------------+-------+-------+
| code   | name           | class | price |
+--------+----------------+-------+-------+
| 100102 | 数学学習ソフト  | sftw  |  4900 |
| 100103 | 英語学習ソフト  | sftw  |  5400 |
| 100201 | 国語副読本      | sbtx  |  1200 |
+--------+----------------+-------+-------+
3 rows in set (0.00 sec)
```

ANY（エニィ）句は、サブクエリで取得した複数の値を比較します。ANY 句を使うことで「class =」のあとに複数の値があってもエラーになりません。

なお、ANY 句の代わりに **SOME（サム）句**を使っても同じ結果が得られます。

Sample517
```
01  SELECT * FROM resource
02  WHERE class =
03  SOME (SELECT class FROM class_name WHERE class LIKE 's___');
```

> ANY 句および SOME 句は、サブクエリでリストとして指定された値のいずれかを指定します。
> **重要**

◉ **ALL句**

なお、ANY句とSOME句以外にもサブクエリでは **ALL句** を使うことがあります。ALL句は比較演算子のあとに指定し、「このサブクエリが返すカラム内の値のALL（すべて）に対して比較結果がTRUEである場合はTRUEを返す」ことを示します。

試しに次のALL句とサブクエリを使ったSQLクエリを実行してみましょう。

Sample518

```
01  SELECT name, price FROM resource
02  WHERE price > ALL(
03    SELECT AVG(price) FROM resource
04    GROUP BY class HAVING COUNT(class) >= 2
05  );
```

● 実行結果

```
+----------------+-------+
| name           | price |
+----------------+-------+
| 英語学習ソフト  |  5400 |
| 英語辞書        |  8200 |
+----------------+-------+
2 rows in set (0.00 sec)
```

処理の流れを確認するために、サブクエリの部分のみを実行してみましょう。

Sample519

```
01  SELECT AVG(price) FROM resource
02  GROUP BY class HAVING COUNT(class) >= 2;
```

● 実行結果

```
+------------+
| AVG(price) |
+------------+
|  2650.0000 |
|  5150.0000 |
|  2733.3333 |
+------------+
```

このSQLクエリは、resourceテーブルをclassカラムでグループ化し、各グループごとの平均値を得ます。ただし、最後に「HAVING COUNT(class) >= 2;」とすることで、レコードが2つ以上あるグループに限っています。すると、2650、5150、

2733.3333 という 3 つの値が得られます。つまり、Sample518 は次の SQL クエリと
同じ意味になります。

Sample520
```
01  SELECT name, price FROM resource
02  WHERE price > 2733.3333 AND price > 5150 AND price > 2650;
```

● サブクエリ④

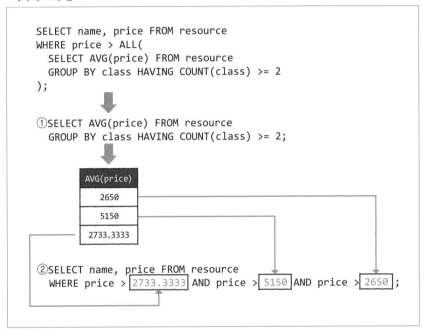

Sample518 のサブクエリ（Sample519）を実行すると、3 つの値（2650、5150、
2733.3333）を取得します。ALL 句により WERER 句の条件は、サブクエリで取得し
た 3 つの値より resource テーブルの price カラムの値が大きい、となります。その結果、
price カラムの値が 5150 よりも大きいレコードの name カラムと price カラムが取得
されるのです。

重要

ALL 句は、サブクエリで値リストとして指定された値のすべてを指定し
ます。

● FROM 句にあるサブクエリ

次に、FROM 句にあるサブクエリについて学習します。FROM 句は、サブクエリによって生成された結果をテーブルとみなし、メインクエリで検索を行います。

● FROM句にあるサブクエリ

次の SQL クエリを実行してみてください。

Sample521
```
01  SELECT code, name, price
02  FROM (SELECT * FROM resource WHERE class = 'text') AS text;
```

● 実行結果
```
+--------+--------------+-------+
| code   | name         | price |
+--------+--------------+-------+
| 100001 | 英語テキスト  |  2500 |
| 100002 | 数学テキスト  |  2700 |
| 100003 | 国語テキスト  |  3000 |
+--------+--------------+-------+
3 rows in set (0.00 sec)
```

◉ テーブルに別名を付ける

Sample521 の SQL クエリには、サブクエリの後ろにエイリアスを付けるための AS があります。ここではテーブルに別名を付けており、書式は次のとおりです。

● テーブルの別名の設定
```
SELECT * FROM テーブル名 AS テーブルの別名;
```

つまり、サブクエリの結果は、AS によって「text」という別名が付きます。

◉ サブクエリが実行されるプロセス

Sample521 の SQL クエリは、まず以下の SQL クエリが実行されます。

Sample522
```
01 SELECT * FROM resource WHERE class = 'text';
```

● 実行結果

```
+--------+--------------+-------+-------+
| code   | name         | class | price |
+--------+--------------+-------+-------+
| 100001 | 英語テキスト | text  |  2500 |
| 100002 | 数学テキスト | text  |  2700 |
| 100003 | 国語テキスト | text  |  3000 |
+--------+--------------+-------+-------+
3 rows in set (0.00 sec)
```

　これは、resource テーブルの class カラムの値が text のレコードを取得できます。
Sample522 の SQL クエリの後ろに「AS 'text'」が付くことで、この結果を「text」という名前のテーブルとして扱うことができます。したがって次の段階では、下記の処理が行われるのと同じ結果になります。

Sample523（実行不可）
```
01 SELECT code, name, class, price FROM text;
```

● サブクエリ⑤

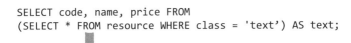

```
SELECT code, name, price FROM
(SELECT * FROM resource WHERE class = 'text') AS text;
```

①SELECT * FROM resource WHERE class = 'text';

code	name	class	price
100001	英語テキスト	text	2500
100002	数学テキスト	text	2700
100003	国語テキスト	text	3000

新しく仮想の text テーブルができる

②SELECT code, name, class, price FROM text ;

◉ FROM句にあるサブクエリの注意点

FROM 句にあるサブクエリで注意しなくてはならないのが、<u>サブクエリで得られた仮想のテーブルには、エイリアスを付けなくてはならない</u>ということです。

試しに、Sample521 の SQL クエリから AS 句を削除して実行してみてください。

Sample524（実行不可能なAS句抜きのサブクエリ）

```
01  SELECT code, name, price
02  FROM (SELECT * FROM resource WHERE class = 'text');
```

● 実行結果

```
ERROR 1248 (42000): Every derived table must have its own alias
```

このようにエラーが出現します。エラーメッセージを日本語に訳すと、「すべての派生テーブルはエイリアスを持つ必要があります」という意味になります。

FROM 句にあるサブクエリには、エイリアスを付ける必要があります。サブクエリで取得した結果は、仮想のテーブルとして扱われるため、エイリアスが仮想テーブルの名前になります。

> FROM 句にあるサブクエリには、仮想のテーブルにエイリアスを付ける必要があります。
>
> 注意

◉ サブクエリの長所と短所

複数のテーブルを使って複雑な検索を行う場合、SQL クエリを複数に分けて記述することがあります。しかし、サブクエリを使うことで、複数の SQL クエリを 1 つの SQL クエリで表現することが可能です。また、FROM 句で使うサブクエリを使うと、集計した結果をテーブルとして扱えます。

このようなメリットがある反面、サブクエリを使うと動作が重くなってしまいます。サブクエリを使わない方法での実装を検討したうえで、ほかに選択肢がない場合のみ使うほうがよいです。そのため、サブクエリがある SQL クエリをなるべく使わない形に SQL クエリを書き替えられるように訓練しましょう。

> サブクエリを多用すると処理が重くなるので、なるべく使わず SQL クエリを作成しましょう。
>
> 重要

例題 5-2 ★ ★ ☆

以下の SQL クエリを、サブクエリが含まれない SQL クエリに書き替えなさい。

(1)
```
01  SELECT
02    code,
03    name,
04    price
05  FROM resource
06  WHERE name = ANY(
07    SELECT name FROM resource
08    WHERE name LIKE '英語%'
09  );
```

(2)
```
01  SELECT name, grade
02  FROM (SELECT * FROM student WHERE grade <> 1) AS high;
```

 解答例と解説

(1) の SQL クエリの実行結果は次のとおりです。

• 実行結果

```
+--------+----------------+-------+
| code   | name           | price |
+--------+----------------+-------+
| 100001 | 英語テキスト    |  2500 |
| 100101 | 英語DVD         |  3000 |
| 100103 | 英語学習ソフト  |  5400 |
| 100202 | 英語問題集      |  2500 |
| 100C01 | 英語辞書        |  8200 |
+--------+----------------+-------+
5 rows in set (0.00 sec)
```

サブクエリを抜き出すと、次のようになります。

● サブクエリ
```
01 SELECT name FROM resource WHERE name LIKE '英語%';
```

これは、resource テーブル内の name カラムの値が「英語」ではじまるレコードを取得するものです。実行結果は次のようになります。

● 実行結果

```
+----------------+
| name           |
+----------------+
| 英語テキスト    |
| 英語DVD        |
| 英語学習ソフト  |
| 英語問題集      |
| 英語辞書        |
+----------------+
5 rows in set (0.00 sec)
```

メインクエリでは、name カラムの値がこのいずれかに該当するレコードの code、name、price の3カラムを取得しています。そのため、次のように書き替えが可能です。

（1）を書き替えたSQLクエリ
```
01 SELECT
02   code,
03   name,
04   price
05 FROM resource
06 WHERE name LIKE '英語%';
```

（2）の SQL クエリの実行結果は次のとおりです。

- **実行結果**

```
+----------+-------+
| name     | grade |
+----------+-------+
| 太田隆    |     2 |
| 林敦子    |     3 |
| 市川次郎  |     3 |
+----------+-------+
3 rows in set (0.00 sec)
```

サブクエリを抜き出すと、次のようになります。

- **サブクエリ**

```
01  SELECT * FROM student WHERE grade <> 1;
```

- **実行結果**

```
+------+----------+-------+
| id   | name     | grade |
+------+----------+-------+
| 2001 | 太田隆    |     2 |
| 3001 | 林敦子    |     3 |
| 3002 | 市川次郎  |     3 |
+------+----------+-------+
3 rows in set (0.00 sec)
```

このサブクエリは、student テーブルの中で grade カラムの値が 1 ではないレコードを取得しています。メインクエリでは、この実行結果から name と grade の 2 カラムを取得しています。

そのため、正解の SQL クエリは次のとおりです。

（2）を書き替えたSQLクエリ

```
01  SELECT name, grade
02  FROM student WHERE grade <> 1;
```

3 練習問題

 ▶ 正解は 306 ページ

問題 5-1 ★ ☆ ☆

school データベース内にある resource テーブルと class_name テーブルを外部結合して、以下のような結果を得られる SQL クエリを記述しなさい。

● **期待される実行結果**

```
+-------+-------------------+--------+-----------------+-------+
| class | name              | code   | name            | price |
+-------+-------------------+--------+-----------------+-------+
| text  | 教科書            | 100001 | 英語テキスト    |  2500 |
| text  | 教科書            | 100002 | 数学テキスト    |  2700 |
| text  | 教科書            | 100003 | 国語テキスト    |  3000 |
| mdvd  | マルチメディアDVD | 100101 | 英語DVD         |  3000 |
| sftw  | ソフトウェア      | 100102 | 数学学習ソフト  |  4900 |
| sftw  | ソフトウェア      | 100103 | 英語学習ソフト  |  5400 |
| sbtx  | 副読本            | 100201 | 国語副読本      |  1200 |
| pbbk  | 問題集            | 100202 | 英語問題集      |  2500 |
| pbbk  | 問題集            | 100203 | 数学問題集      |  2800 |
| dict  | 辞書              | 100C01 | 英語辞書        |  8200 |
| comp  | コンピューター    | NULL   | NULL            |  NULL |
+-------+-------------------+--------+-----------------+-------+
11 rows in set (0.00 sec)
```

問題 5-2 ★ ☆ ☆

問題 5-1 で作成した SQL クエリを変更し、以下のような結果が得られる SQL クエリに書き替えなさい。

- **期待される実行結果**

```
+------------+----------------+--------------------+------+
| 商品コード | 商品名         | カテゴリ           | 値段 |
+------------+----------------+--------------------+------+
| 100001     | 英語テキスト   | 教科書             | 2500 |
| 100002     | 数学テキスト   | 教科書             | 2700 |
| 100003     | 国語テキスト   | 教科書             | 3000 |
| 100101     | 英語DVD        | マルチメディアDVD  | 3000 |
| 100102     | 数学学習ソフト | ソフトウェア       | 4900 |
| 100103     | 英語学習ソフト | ソフトウェア       | 5400 |
| 100201     | 国語副読本     | 副読本             | 1200 |
| 100202     | 英語問題集     | 問題集             | 2500 |
| 100203     | 数学問題集     | 問題集             | 2800 |
| 100C01     | 英語辞書       | 辞書               | 8200 |
| --         | 該当なし       | コンピューター     | --   |
+------------+----------------+--------------------+------+
11 rows in set (0.00 sec)
```

 問題 5-3 ★ ★ ☆

サブクエリを使って、price カラムの値が 4000 以上の商品を含む商品のカテゴリ（class_name）の名前の一覧を取得しなさい。

なお、期待される実行結果は次のとおりである。

- **期待される実行結果**

```
+--------------+
| カテゴリ     |
+--------------+
| ソフトウェア |
| 辞書         |
+--------------+
2 rows in set (0.00 sec)
```

M E M O

6日目

オリジナルデータベースの構築

1 テーブルの構築

- ◐ テーブルの構築と正規化について学習する
- ◐ ER 図について学習する
- ◐ さまざまな制約について学習する
- ◐ 設計したデータベースを実装する

1-1 テーブルの構築と正規化

POINT

- ・ 新しいデータベースを作る
- ・ テーブルの正規化について学ぶ
- ・ 設計したテーブルを正規化する

● 社員データベースを作る

5 日目までは、すでにあるデータベースを操作する方法を学んできました。しかし、データベースについて学習するのであれば、ゼロからデータベースの設計を体験してみたいものです。そこで 6 日目では、実際に架空の会社の簡単な社員データベースを設計・実装してみたいと思います。

データベースの設計方法を理解することで、目的の情報を得るためにどのような SQL クエリを記述すればよいのかを検討しやすくなります。

● 社員情報の要素

ある会社では次のような社員情報を紙で管理していたとします。このデータを、MySQL を使ったデータベースに移行してみましょう。

なお、この会社の社員には必ず社員番号が付与されており、社員番号は重複せず、社員は必ず 1 つ以上資格を持っていると想定します。

● **社員情報**

社員番号：2030
名前　　：山田太郎
年齢　　：30
性別　　：①男性　　2. 女性
給与　　：324,000 円
保有資格　①普通自動車第 1 種免許
　　　　　2. 英語検定 1 級
　　　　　3. 英語検定 2 級
　　　　　4. 日商簿記 2 級
　　　　　⑤日商簿記 1 級
　　　　　6. TOEIC（750 以上）
　　　　　⑦中小企業診断士

◉ テーブルの構造を考える

　この社員情報をテーブルで表現してみましょう。カラム名などはもとの社員情報の要素から独自に定義しています。またテーブル名は、employee とします。

● **employeeテーブル**

id	name	age	sex_id	sex	salary	qual_id	qual
2030	山田太郎	30	1	男性	324000	1、5、7	普通自動車第1種免許、日商簿記1級、中小企業診断士

● **employeeテーブルの構造**

カラム名	内容
id	社員番号
name	名前
age	年齢
sex_id	性別ID（1：男性、2：女性）
sex	性別
salary	給与
qual_id	資格ID（1：普通自動車第1種免許、....、7：中小企業診断士）
qual	資格名

正規化と正規形

　社員情報をそのままデータベースのテーブルで表現できるように変更を加えています。しかし、性別や資格のように重複する情報を持つカラムが存在していて非効率的なテーブルだといえます。

　すでに説明したとおり、データベースは大量のデータへのアクセスを頻繁に行います。そのため、**データが莫大になりすぎると、処理速度が低下してしまいます**。

　そういった問題を最低限におさえ、データベースが効率的に処理を行えるように設計する必要があります。これを実現するための作業が<u>正規化（せいきか）</u>です。

◉ 正規化とは

　前述のとおり正規化とは、**データベースをより効率的に処理できるようにテーブルの設計を行うことです**。具体的には、データの重複をなくして管理しやすい形に整えます。これにより、データベースの効率的な処理が期待できるほか、データの管理が容易になり、データを多様な目的に利用しやすくなります。

　また、正規化されたテーブルの状態を<u>正規形（せいきけい）</u>と呼びます。

用語

正規化（せいきか）
テーブル設計の際に、データの重複をなくして管理しやすい形に整える作業のこと

正規形（せいきけい）
正規化を施したテーブル

　データベースの正規化は第5段階までありますが、一般的に第3正規形にまで準拠していればよいとされています。その内容は次のとおりです。

● データベースの正規形

状態	内容
非正規形	正規化が行われていない状態
第1正規形	1つのフィールドに複数の値がない状態
第2正規形	主キーのカラムを決めたうえで、主キーの値によって従属する値が決まるようにテーブルを分割した状態
第3正規形	主キー以外のカラムの値で、ほかのカラムの値が決まらないようにテーブルを分割した状態

では、実際の例をとおして、非正規形から第3正規形になるまでの過程を見てみましょう。

第1正規形

あらためて、正規化されていない employee テーブルを見てみましょう。

● employeeテーブル（非正規形）

id	name	age	sex_id	sex	salary	qual_id	qual
2030	山田太郎	30	1	男性	324000	1、5、7	普通自動車第1種免許、日商簿記1級、中小企業診断士

非正規形では、「qual_id」や「qual」のように、1つのフィールドに複数の値が入っています。リレーショナルデータベースはこのような状態ではデータを取り扱うことができないので、まずはこの状態を解消します。

◉ 第1正規化の実施

非正規形の状態から、1つのフィールドに複数の値がない状態にします。第1正規化をした employee テーブルは次のとおりです。

● employeeテーブル（第1正規形）

id	name	age	sex_id	sex	salary	qual_id	qual
2030	山田太郎	30	1	男性	324000	1	普通自動車第1種免許
2030	山田太郎	30	1	男性	324000	5	日商簿記1級
2030	山田太郎	30	1	男性	324000	7	中小企業診断士

重要

第1正規形は、1つのフィールドに複数の値があるカラムをなくしてリレーショナルデータベースのテーブルに収まるようにした状態です。

6日目
オリジナルデータベースの構築

これでデータベースに登録できるテーブルと同じ形式になりました。しかし、この状態では重複しているデータが多く、決して効率的に操作できるテーブルとはいえません。

例えば、山田太郎さんの給与が 350,000 円に変更されたとしたら、3 レコードに変更が必要です。そこで、こういった効率の悪さを改善するために、第 2 正規形に変更します。

第 2 正規形

第 2 正規形では、テーブルの**主キー（PRIMARY KEY）**とそれに従属するカラムの関係を洗い出し、テーブルを分割します。

主キーとは、レコードを一意に特定するためのカラムで、1 つの場合もあれば、複数の場合もあります。複数の場合は**複合（ふくごう）主キー**とも呼ばれます。

用語

主キー（PRIMARY KEY）
レコードを一意に特定するためのカラムのこと
複合（ふくごう）主キー
複数のカラムからなる主キーのこと

あらためて第 1 正規形の employee テーブルを見ると、「id」と「qual_id」の 2 つのカラムの組み合わせが主キーになることがわかります。

● 主キーを見つける

id	name	age	sex_id	sex	salary	qual_id	qual
2030	山田太郎	30	1	男性	324000	1	普通自動車第 1 種免許
2030	山田太郎	30	1	男性	324000	5	日商簿記 1 級
2030	山田太郎	30	1	男性	324000	7	中小企業診断士

主キー

id	qual_id
2030	1
2030	5
2030	7

name	age	sex_id	sex	salary	qual
山田太郎	30	1	男性	324000	普通自動車第 1 種免許
山田太郎	30	1	男性	324000	日商簿記 1 級
山田太郎	30	1	男性	324000	中小企業診断士

主キーの値（ここでは id カラムと qual_id カラム）によって、非主キーのカラムの値が確定する状態となりました。このように一方の値（もしくは値の集合）が決まることで、もう一方の値（もしくは値の集合）が決まる関係のことを**関数従属性（かんすうじゅうぞくせい）**といいます。

関数従属性（かんすうじゅうぞくせい）
一方の属性集合の値（もしくは値の集合）が決まることで、もう一方の属性集合の値（もしくは値の集合）が決まる関係を表したもの

用語

このテーブルは関数従属性があるため、これで完成……と思われるかもしれません。しかし、厳密にいうとこれが終わりではありません。

実はこのテーブルの関数従属性は不完全なのです。 第 2 正規形であるためには「完全な関数従属」状態でなければならないのです。

◉ 部分関数従属の解消

では、「完全な関数従属」とは一体どういうことなのでしょう？　そのためには、**部分関数従属（ぶぶんかんすうじゅうぞく）**を取り除く必要があります。

部分関数従属とは、主キーの値の集合のうち、一部の値が決まることで、もう一方の値（もしくは値の集合）が決まる関係を表します。

部分関数従属（ぶぶんかんすうじゅうぞく）
主キーの値の集合のうち、一部の値が決まることで、もう一方の値（もしくは値の集合）が決まる関係を表したもの

用語

このテーブルを見ると、主キーを構成する「id」と「qual_id」のうち、「id」が決まれば「qual」を除くすべてのカラムが従属することがわかります。つまり、部分関数従属が存在することがわかります。

これを解消するため、テーブルから「id」に従属するカラムを切り取って、「id」カラムを主キーとする新しいテーブルを作成します。これを employee テーブルとしましょう。

さらに、よく見ると、主キーの一部である「qual_id」と「qual」にも同様の関係があるので、やはりこれも切り取って新しいテーブルを作ります。これを qual テーブルとしましょう。

これにより、部分関数従属が解消され、完全な関数従属性が実現されました。以上で、第2正規形が完成です。

● 部分関数従属の解消

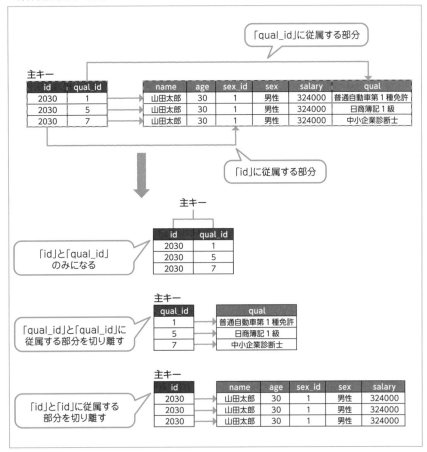

　「id」カラムと「qual_id」カラムのみのテーブルは、社員の資格を表すテーブルとして emp_qual テーブルとします。

　これで**社員の情報と資格の情報が分離され、社員の情報を変更する際には、1つのカラムだけを変更すればよい**状態になりました。

- employeeテーブル（第2正規形）

id	name	age	sex_id	sex	salary
2030	山田太郎	30	1	男性	324000

- qualテーブル（第2正規形）

qual_id	qual
1	普通自動車第1種免許
5	日商簿記1級
7	中小企業診断士

- emp_qualテーブル（第2正規形）

id	qual_id
2030	1
2030	5
2030	7

注意

第2正規形にするためには、部分関数従属を完全になくす必要があります。

第3正規形

第3正規形では、分割した各テーブルに残った**主キー以外のカラムに対する従属性**を見つけ出し、主キー以外のカラムの値に従属するカラムとしてさらにテーブルに分割します。

◉ 推移的関数従属

第3正規形で行われる処理は、一般的に**推移的関数従属（すいいてきかんすうじゅうぞく）**の除去といわれます。

推移的関数従属とは、Aが決まるとBが決まり、Bが決まればCが決まるような状態です。つまり推移的関数従属がある状況では、隠れた従属関係が存在し情報が重複してしまうわけです。

6日目

オリジナルデータベースの構築

>
> **用語**
>
> **推移的関数従属（すいいてきかんすうじゅうぞく）**
> 主キー以外のカラムの値により、もう一方の値（もしくは値の集合）が
> 決まる関係を表したもの

　例えばこのサンプルの場合、主キーである id カラムによって性別を表す sex_id カラムの値が決まり、sex_id カラムの値が決まると sex カラムの値が決まります。このように推移的関数従属状態にあると、あるカラムが主キー以外の列に従属する状態になります。

　このままの状態では、**もしも employee テーブルで社員の性別を間違って登録してしまった場合、情報を訂正するには sex_id と sex の 2 つのカラムのデータを変更しなくてはなりません。**

　このような場合、sex カラムを employee テーブルから取り除き、sex_id カラムを主キーとする別テーブルに分離します。これを sex テーブルとしましょう。

● 推移的関数従属の解消

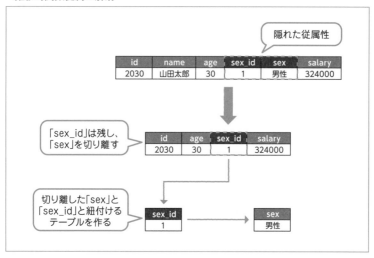

ここまでの分割で次のようなテーブルになります。

- employeeテーブル（第3正規形）

id	name	age	sex_id	salary
2030	山田太郎	30	1	324000

- sexテーブル（第3正規形）

sex_id	sex
1	男性

- emp_qualテーブル（第3正規形）

id	qual_id
2030	1
2030	5
2030	7

- qualテーブル（第3正規形）

qual_id	qual
1	普通自動車第1種免許
5	日商簿記1級
7	中小企業診断士

第3正規形までの変更を行うと、1つだったテーブルが最終的に4つのテーブルに分割されました。なお、emp_qual テーブルと qual テーブルは、第2正規形の時点で推移的関数従属はないため、変更点はありません。

これにより、性別や資格情報を変更する際の手間が最小限になりました。

◉ 正規化の完成

以上で、テーブルの正規化は完了です。ここまで整理できれば、すぐにでもテーブルを実装できる状態になります。

すでに正規化は第5正規形まで存在すると説明しましたが、一般的にはほぼ第3正規形だけで十分といわれています。

6日目
オリジナルデータベースの構築

データベースを設計する

POINT

- 外部キーでテーブルの関連付けを行う
- 関連付けたテーブルを ER 図で表現する
- テーブル定義書を作成する

外部キー

第 3 正規化まで行ったテーブルをもとに、本格的にデータベースを設計してみることにします。

まず分割したテーブルは、外部キーで関連付けて管理します。**外部キーとは、複数のテーブルを関係付ける制約**です。

例えば、employee テーブルの sex_id カラムに外部キーを設定し、sex テーブルと関連付けます。

 外部キー
用語 複数のテーブルを関係付ける制約

また、外部キーである employee テーブルの sex_id カラムを**子キー**、そこから参照される sex テーブルの sex_id カラムを**親キー**と呼びます。

同様に、emp_qual テーブルの qual_id カラムが子キーで qual テーブルの qual_id カラムが親キー、emp_qual テーブルの id カラムが子キーで employee テーブルの id カラムが親キーになります。

子キー
用語 外部キーの別称。親キーを参照する
親キー
外部キーによって参照されるキー

◉ テーブルの関連性を図で表す

テーブル数が多い場合、データベースの全体像を把握することが困難になります。そこで、わかりやすくするためにこの関係性を図にしてみましょう。

● 親キー・子キー（外部キー）の関係

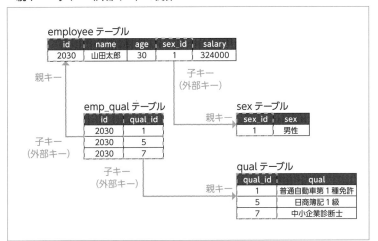

なお、テーブルで外部キーを設定して参照する側は子テーブル、参照される側は親テーブルと呼びます。

用語

子テーブル
外部キーを設定してデータを参照する側のテーブル
親テーブル
外部キーによって参照される側のテーブル

どのテーブルが親テーブルになり、子テーブルになるかはテーブル同士の相対的関係性により決まってきます。

例えば、employee テーブルと emp_qual テーブルでは、前者が親テーブルで後者が子テーブルとなりますが、逆に employee テーブルと sex テーブルは、前者が子テーブルで後者が親テーブルとなります。

ER 図

データベースの全体像を把握するために、テーブルを設計する際は **ER（イーアール）図** と呼ばれる図を用いてテーブル同士の関係をまとめます。ER 図は、テーブル名とカラム名、カラムを結ぶ線で構成されます。

◉ ER図の表記方法

ER 図で関連付けたテーブルを表現する記述方法は次のとおりです。

四角 1 つがテーブルに該当し、この四角を **エンティティ（Entity：モノ）** と呼びます。エンティティの上部にテーブルの名前、その下に各カラムの名前を記述します。

また、エンティティ間の関係を表す線を **リレーション（Relation：関係）** といいます。テーブルの外部キーによる関連性はこれによって表現されます。

● エンティティーとリレーション

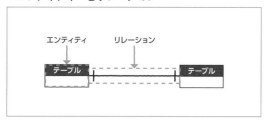

◉ データ数の関係を表記する

エンティティ、つまりテーブル同士は、外部キーで結び付けられます。その際、リレーションではテーブルとテーブルの関係性だけではなく、テーブルに記憶されるデータ数（レコード数）の関係も記述します。

● エンティティとリレーションの数の関係の記述例

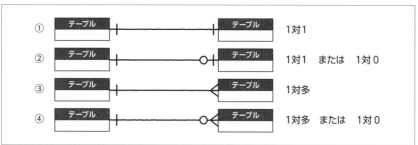

◎ 社員データベースにある関係性の例

　例えば、ここで作成した社員データベースで考える場合、社員情報をまとめる employee テーブルと社員の資格情報をまとめる emp_qual テーブルは、id カラムで結び付けられます。このとき、社員 1 人は 1 つ以上の資格を持つので、この 2 つのテーブルは「1 対多」の関係を持ち、③のような関係で結び付けられます。

- 「1対多」の例

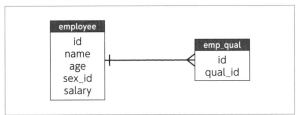

　次に性別情報をまとめる sex テーブルと employee テーブルの関係性をみてみましょう。これらのテーブルは sex_id カラムで結び付けられます。

　男性社員も女性社員も複数名いる可能性が考えられますが、男性のみ、もしくは女性のみということも考えられます。そのため、sex テーブルと employee テーブルは、④の「1 対多または 1 対 0」の関係になります。

　これは、資格情報をまとめる qual テーブルと emp_qual テーブルでも同様です（qual_id カラムで結合）。

- 「1対多または1対0」の例

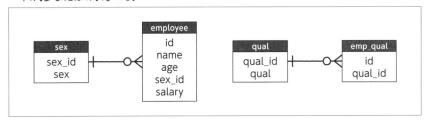

6日目
オリジナルデータベースの構築

● 社員データベースにはない関係性の例

社員データベースにはありませんが、214ページの①および②の関係性はどのような場合に使うかを説明しましょう。

社員の住所を管理するテーブルがあったとしましょう。社員は必ず1つ住所の情報を持つので、employeeテーブルと社員の住所情報テーブルは①の「1対1」の関係になります。

● 「1対1」の例

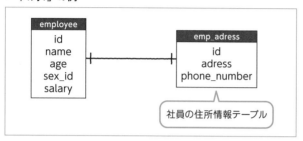

社員の住所情報テーブル

続いて、②の「1対1または1対0」の関係になる場合です。

例えば、会社内でサークル活動があったとしましょう。サークルには1人につき1サークルに参加できますが、参加は必須ではないとします。その場合、社員テーブルと社員のサークル参加情報テーブルの関係は「1対1または1対0」で表せます。

● 「1対1または1対0」の例

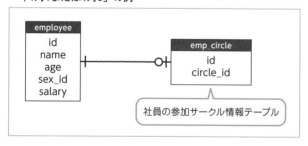

社員の参加サークル情報テーブル

◉ 社員データベースをER図にする

　以上を踏まえ、各エンティティごとの関係性をER図で社員データベース表すと、次のようになります。

● 社員データベースのER図

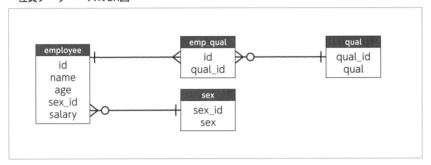

　この程度の規模のデータベースを設計する際にはER図を描かないことが多いのですが、最初は小規模のものでも訓練のため、ER図を描くようにすることをおすすめします。

テーブル定義書

　ER図はテーブルの関係を表現するもので、これによりテーブルの関係性が完成しました。次は、具体的にそれぞれのテーブルの中身を設計していくことにします。そのために用いるのが、**テーブル定義書**です。

　テーブル定義書は、文字どおりデータベースのテーブルの構造を定義するドキュメントです。ER図をもとに、各テーブルを定義していくことにしましょう。

◉ テーブル定義書の構造

　テーブル定義書には決まったフォーマットがあるわけではありません。ここでは以下のようなフォーマットのテーブルを定義することにしましょう。

● テーブル定義書の構造

テーブル構造書				テーブル名		①
主	列名	データ型	サイズ	NULL許容	既存値	備考
②	③	④	⑤	⑥	⑦	⑧

● 記述内容

番号	名前	概要	記入例
①	テーブル名	テーブルの名前を記入する	employee
②	主	主キーの場合は〇を付ける	〇
③	列名	カラム名を記入する	id、name
④	データ型	列名で指定したデータのデータ型を記入する	VARCHAR、INT
⑤	サイズ	データのサイズを記入する	10
⑥	NULL許容	NULL値を許容するかどうかを表す	する、しない
⑦	既存値	既存の値がある場合には設定する	324000
⑧	備考	制約など、特記事項を記述する	ユニーク

次は実際にこのフォーマットで定義書を作ってみることにしましょう。

◉ 作成したテーブル定義書

作成したテーブル定義書は次のようになります。

● employeeテーブル

テーブル構造書				テーブル名		employee
主	列名	データ型	サイズ	NULL許容	既存値	備考
〇	id	INT		しない		
	name	VARCHAR	30	しない		
	age	INT		しない		
	sex_id	INT		しない		sex(sex_id) を参照
	salary	INT		しない	324000	

● emp_qualテーブル

テーブル構造書				テーブル名		emp_qual
主	列名	データ型	サイズ	NULL許容	既存値	備考
	id	INT		しない		employee (id) を参照
	qual_id	INT		しない		qual(qual_id) を参照

● sexテーブル

テーブル構造書				テーブル名		sex
主	列名	データ型	サイズ	NULL 許容	既存値	備考
○	sex_id	INT		しない		
	sex	CHAR	2	しない		ユニーク

● qualテーブル

テーブル構造書				テーブル名		qual
主	列名	データ型	サイズ	NULL 許容	既存値	備考
○	qual_id	INT		しない		オートインクリメント
	qual	VARCHAR	20	しない		ユニーク

　ここからテーブル名、カラム名とデータ型、各カラムに対する制約などを読み取ることができます。

　例えば employee テーブルの主キーは id カラムです。「主」と書かれた欄に○が付けられています。sex_id カラムは sex テーブルの sex_id カラムを参照するように外部キーが設定されていることが備考欄に記述されています。

◎ 制約

　続いて、各カラムの制約を見ていきましょう。制約とは、フィールドに登録する値を制限するために設定されるものです。ここでは制約の名前とその役割を1つずつ紹介していきます。

　リレーショナルデータベースでは、カラムに制約を設定してデータの整合性を保ちます。主キーや外部キーがその代表的なものですが、すでに出てきた NOT NULL 制約や、ユニークキーなどといった制約が存在します。

● 主な制約の一覧

制約	記述方法	内容
NOT NULL	NOT NULL	NULL値を入力することができない
ユニークキー	UNIQUE	カラム内で重複する値を入力できない。ただし、NULLの重複は許容する
主キー	PRIMARY KEY	主キーに設定する。テーブル内でレコードを識別するための役割を持ち、カラム内で重複する値を入力できない。NOT NULL制約とユニークキー制約を合わせた制約
外部キー	FOREIGN KEY	外部キーに設定する。参照するカラムにある値もしくはNULL値の入力に制限することで、テーブル間の整合性を保つことができる

1-3 テーブルの作成と制約

- CREATE 文で制約のあるテーブルを作る方法を学ぶ
- カラムにデフォルト値を設定する方法を学ぶ
- オートインクリメントを設定する方法を学ぶ

さまざまな制約

　テーブルの構造が決まったところで、それをもとに CREATE 文でテーブルを作成していくことになるわけですが、その前にもう少し CREATE 文について詳しく説明していくことにします。

　すでに説明したように、CREATE 文には、さまざまな制約を付けることができました。そこで、ここではそういった制約を CREATE 文で記述する方法を説明し、それをもとに実際にテーブルを構築してみることにします。

◉ 列制約と表制約

制約には大きく分けて、**列制約（れつせいやく）**と**表制約（ひょうせいやく）**があります。

列制約は文字どおり列（カラム）に設定する制約で、CREATE 文で列を定義するのと同時に制約を付加するものです。カラム定義の後ろを半角スペースで区切って記述します。

表制約は表全体（テーブル）に設定する制約で、カラム定義のあとに,（コンマ）で区切って制約を記述します。

用語

列制約
列（カラム）に設定する制約
表制約
表全体（テーブル）に設定する制約

SQL での制約は列制約のみ、表制約のみで記述できるもの、両方で記述できるものがあります。それらは、以下の表を参考にしてください。

● 列制約と表制約

制約	種類
列制約のみ	NOT NULL制約
表制約のみ	複合主キー制約
両方可能	ユニークキー制約・主キー制約・外部キー制約※

※MySQLでは列制約で外部キーを設定することはできない

では、実際に SQL クエリでこれらの制約を記述してみましょう。

◉ 新しいデータベースを作る

これから学習する内容を試すために新しいデータベースを作成します。

すでに学習用の school データベースがありますが、ここからの内容は操作の方法を間違うと、ほかのテーブルを壊してしまう可能性もあります。

そこで、そのようなことがないように、テスト用の「dummy」というデータベースを作成し、そこにテーブルを作ってみることにします。次の SQL クエリを実行して、dummy データベースを作成し、デフォルトデータベースにしてください。

Sample601

```
01  CREATE DATABASE dummy;
02  USE dummy;
```

● 実行結果

```
mysql> CREATE DATABASE dummy;
Query OK, 1 row affected (0.00 sec)

mysql> USE dummy;
Database changed
```

◎ 主キー制約

　まずは、主キー制約の記述方法を見ていきましょう。主キー制約を付加するには「PRIMARY KEY」という記述を使います。221 ページの表からわかるとおり、主キー制約は、列、表、両方で記述可能です。それぞれのケースを見ていきます。

　列制約を設定してテーブルを作成する SQL クエリは次のとおりです。入力して実行してみてください。

Sample602（主キー制約：列制約）

```
01  CREATE TABLE sample1(
02      col1 INT PRIMARY KEY,
03      col2 VARCHAR(20),
04      col3 TIMESTAMP,
05      col4 INT
06  );
```

　テーブルができたら、次の SQL クエリでデータを追加してください。

Sample603

```
01  INSERT INTO sample1 VALUES (1, 'ABC', '2021/1/1', 100);
02  INSERT INTO sample1 VALUES (2, 'DEF', '2021/1/2', 100);
03  INSERT INTO sample1 VALUES (3, 'ABC', '2021/1/1', 200);
```

　データの追加後に、SELECT 文で内容を確認しましょう。

Sample604

```
04  SELECT * FROM sample1;
```

• 実行結果
```
+------+------+---------------------+------+
| col1 | col2 | col3                | col4 |
+------+------+---------------------+------+
|    1 | ABC  | 2021-01-01 00:00:00 |  100 |
|    2 | DEF  | 2021-01-02 00:00:00 |  100 |
|    3 | ABC  | 2021-01-01 00:00:00 |  200 |
+------+------+---------------------+------+
3 rows in set (0.00 sec)
```

このテーブルは、col1 カラムが主キーです。そのため、col1 カラムの値が NULL もしくは重複する値を追加するとエラーが出るので、試してみましょう。

まずは NULL を追加してみます。

Sample605
```
01  INSERT INTO sample1 VALUES (NULL, 'ABC', '2021/1/1', 100);
```

• 実行結果
```
ERROR 1048 (23000): Column 'col1' cannot be null
```

次は、すでに使われている値の「1」を col1 に追加する SQL クエリを実行してみます。

Sample606
```
01  INSERT INTO sample1 VALUES(1, 'GHI', '2021/1/3', 300);
```

• 実行結果
```
ERROR 1062 (23000): Duplicate entry '1' for key 'PRIMARY'
```

今度は「主キーの 1 というデータが重複しています」というエラーが発生し、新しいデータが追加されることはありません。

重要　主キーに、NULL や重複した値は入れられません。

続いて、sample1 テーブルと同じ構成に表制約を付けた例を試してみましょう。

Sample607（主キー制約：表制約）

```
01  CREATE TABLE sample2(
02      col1 INT,
03      col2 VARCHAR(30),
04      col3 TIMESTAMP,
05      col4 INT,
06      PRIMARY KEY(col1)
07  );
```

表制約では、カラム名とデータ型のリストのあとに「,（コンマ）」で区切って制約名を記述します。上記の例では、PRIMARY KEY のあとに ( ) を付けて、その中に制約を付けるカラム名を記述しています。

この SQL クエリを実行したら、さらに以下を実行して sample1 の場合と同様にデータを追加してください。

Sample608

```
01  INSERT INTO sample2 VALUES (1, 'ABC', '2021/1/1', 100);
02  INSERT INTO sample2 VALUES (2, 'DEF', '2021/1/2', 100);
03  INSERT INTO sample2 VALUES (3, 'ABC', '2021/1/1', 200);
```

データの追加後に、SELECT 文でテーブルを確認しましょう。

Sample609

```
01  SELECT * FROM sample2;
```

● 実行結果

```
------+------+---------------------+------+
| col1 | col2 | col3                | col4 |
+------+------+---------------------+------+
|    1 | ABC  | 2021-01-01 00:00:00 |  100 |
|    2 | DEF  | 2021-01-02 00:00:00 |  100 |
|    3 | ABC  | 2021-01-01 00:00:00 |  200 |
+------+------+---------------------+------+
3 rows in set (0.00 sec)
```

　sample1 テーブルと同じ結果が得られることが確認できます。試しに、主キーが
NULL、もしくは重複しているケースも試してみましょう。

Sample610

```
01  INSERT INTO sample2 VALUES (NULL, 'ABC', '2021/1/1', 100);
```

● 実行結果

```
ERROR 1048 (23000): Column 'col1' cannot be null
```

Sample611

```
01  INSERT INTO sample2 VALUES (1, 'GHI', '2021/1/3' ,300);
```

● 実行結果

```
ERROR 1062 (23000): Duplicate entry '1' for key 'PRIMARY'
```

　エラーメッセージの内容も sample1 テーブルの場合と一緒であることがわかりま
す。このように、列制約、表制約のいずれのやり方でも、主キー制約を設定できます。

◉ 複合主キー制約

　なお、複合主キーを設定する場合は、表制約で記述する必要があります。
　実際に、複合主キーを持つテーブルを作ってみましょう。

Sample612

```
01  CREATE TABLE sample3(
02      col1 INT,
03      col2 VARCHAR(30),
04      col3 TIMESTAMP,
05      col4 INT,
06      PRIMARY KEY(col1, col2)
07  );
```

　この例では、col1 カラムと col2 カラムが主キー、つまり複合主キーになります。
ここに次のようなデータを追加してみます。

Sample613

```
01  INSERT INTO sample3 VALUES (1, 'ABC', '2021/1/1', 100);
02  INSERT INTO sample3 VALUES (1, 'DEF', '2021/1/2', 100);
03  INSERT INTO sample3 VALUES (2, 'ABC', '2021/1/3', 200);
```

col1 カラムに「1」、col2 カラムには「'ABC'」という重複したデータがあるのにエラーが発生しません。念のため、SELECT 文でテーブルを確認しましょう。

Sample614

```
01  SELECT * FROM sample3;
```

● 実行結果

```
+------+------+---------------------+------+
| col1 | col2 | col3                | col4 |
+------+------+---------------------+------+
|    1 | ABC  | 2021-01-01 00:00:00 |  100 |
|    1 | DEF  | 2021-01-02 00:00:00 |  100 |
|    2 | ABC  | 2021-01-03 00:00:00 |  200 |
+------+------+---------------------+------+
3 rows in set (0.00 sec)
```

エラーが発生しないのは、「col1」と「col2」の組み合わせが一意になっているためです。次のようなケースはエラーが発生します。

Sample615

```
01  INSERT INTO sample3 VALUES (1, 'ABC', '2021/1/4', 300);
```

● 実行結果

```
ERROR 1062 (23000): Duplicate entry '1-ABC' for key 'PRIMARY'
```

これは、col1 カラムが「1」、col2 カラムが「'ABC'」という複合主キーの組み合わせのデータがすでに追加されているからです。

注意

複合主キーは指定したカラムの値がすべて一致しない限り、同一の値とはみなされません。

◉ NOT NULL制約

次に、NOT NULL 制約について説明します。NOT NULL 制約は列制約でのみ定義可能です。記述する場合は以下のようになります。

次のようにしてテーブルを作ると、col1 カラムのみに NOT NULL 制約がつきます。

Sample616
```
01  CREATE TABLE sample4(
02      col1 INT NOT NULL,
03      col2 VARCHAR(30),
04      col3 TIMESTAMP,
05      col4 INT
06  );
```

試しに次のデータを追加してみましょう。

Sample617
```
01  INSERT INTO sample4 VALUES (1, NULL, '2021/1/1', 100);
02  INSERT INTO sample4 VALUES (1, 'DEF', NULL, 100);
03  INSERT INTO sample4 VALUES (2, 'ABC', '2021/1/3', NULL);
```

エラーが出ることなくデータを追加できました。テーブルの内容を確認してみると、col2 カラム、col4 カラムには NULL が入っています。

Sample618
```
01  SELECT * FROM sample4;
```

● 実行結果

```
+------+------+---------------------+------+
| col1 | col2 | col3                | col4 |
+------+------+---------------------+------+
|    1 | NULL | 2021-01-01 00:00:00 |  100 |
|    1 | DEF  | 2021-02-25 16:06:57 |  100 |
|    2 | ABC  | 2021-01-03 00:00:00 | NULL |
+------+------+---------------------+------+
3 rows in set (0.00 sec)
```

ただ、TIMESTAMP 型である col3 カラムは、**NULL を追加しようとすると、SQL クエリが実行された時間が追加されます**。

しかし、次の SQL クエリを実行するとエラーになります。

Sample619

```
01  INSERT INTO sample4 VALUES (NULL, 'ABC', '2021/1/4', 200);
```

● 実行結果

```
ERROR 1048 (23000): Column 'col1' cannot be null
```

これは col1 カラムに NOT NULL 制約が付いているためです。

◉ ユニークキー制約

ユニークキー制約は、列制約と表制約のどちらの方法でも設定できます。基本的な書式は主キー制約のときと同じですが、SQL クエリでは「UNIQUE」と記述します。

Sample620（ユニークキー制約：列制約）

```
01  CREATE TABLE sample5(
02      col1 INT UNIQUE,
03      col2 VARCHAR(30),
04      col3 TIMESTAMP,
05      col4 INT
06  );
```

この SQL クエリを実行すると、col1 カラムにユニークキー制約が付くため、col1 カラムの値が重複したデータを追加することができません。

まず、次の SQL クエリを実行して、テーブルにデータを追加します。

Sample621

```
01  INSERT INTO sample5 VALUES (1, 'ABC', '2021/1/1', 100);
02  INSERT INTO sample5 VALUES (2, 'DEF', '2021/1/1', 200);
03  INSERT INTO sample5 VALUES (3, 'ABC', '2021/1/2', 200);
```

col1 カラムの値に重複がないので問題なくデータを追加できます。

Sample622

```
01  SELECT * FROM sample5;
```

● 実行結果

```
+------+------+---------------------+------+
| col1 | col2 | col3                | col4 |
+------+------+---------------------+------+
|    1 | ABC  | 2021-01-01 00:00:00 |  100 |
|    2 | DEF  | 2021-01-01 00:00:00 |  200 |
|    3 | ABC  | 2021-01-02 00:00:00 |  200 |
+------+------+---------------------+------+
3 rows in set (0.00 sec)
```

6日目

オリジナルデータベースの構築

しかし、以下のように col1 カラムにすでにある値を追加しようとすると、エラーが発生します。

Sample623
```
01  INSERT INTO sample5 VALUES (1, 'DEF', '2021/1/3', 300);
```

● 実行結果
```
ERROR 1062 (23000): Duplicate entry '1' for key 'col1'
```

これだけだと主キー制約と同じですが、**主キー制約とユニークキー制約の大きな違いは、NULL が追加できる点です**。そのため次の SQL クエリは問題なく実行できます。

Sample624
```
01  INSERT INTO sample5 VALUES (NULL, 'DEF', '2021/1/3', 300);
```

実行結果を確認すると次のようになります。

Sample625
```
01  SELECT * FROM sample5;
```

● 実行結果

```
+------+------+---------------------+------+
| col1 | col2 | col3                | col4 |
+------+------+---------------------+------+
|    1 | ABC  | 2021-01-01 00:00:00 |  100 |
|    2 | DEF  | 2021-01-01 00:00:00 |  200 |
|    3 | ABC  | 2021-01-02 00:00:00 |  200 |
| NULL | DEF  | 2021-01-03 00:00:00 |  300 |
+------+------+---------------------+------+
4 rows in set (0.00 sec)
```

col1 カラムに NULL が追加されていることがわかります。なお、ユニークキー制約を表制約で設定すると、以下の SQL クエリのような記述になります。

Sample626（ユニークキー制約：表制約）

```
01  CREATE TABLE sample5(
02      col1 INT,
03      col2 VARCHAR(30),
04      col3 TIMESTAMP,
05      col4 INT,
06      UNIQUE(col1)
07  );
```

sample5 テーブルは作成済みなので、Sample626 を実行するとエラーになります。

なお、複数のユニークキーを記述する場合には、次のように指定するカラムの間を「,」で区切って記述します。

- **複数のユニークキーの記述方法**

```
UNIQUE(カラム名1, カラム名2, ...);
```

◉ 外部キー制約

外部キー制約は、表制約として次のように記述します。

- **外部キー制約の書式（表制約）**

```
FOREIGN KEY (カラム名) REFERENCES 親テーブル名(カラム名)
```

FOREIGN KEY のあとの ( ) 内には外部キーを付加するカラム名、REFERENCES のあとには親キーがあるテーブル名、続く ( ) 内には親キーのカラム名を記述します。

なお、エラーにはなりませんが、**MySQL では列制約で外部キーを付加しても無視されます。外部キーを付加する場合には、表制約を用いましょう。**

では、実際に外部キー制約のサンプルを作成してみましょう。少し面倒ですが、順を追って処理を行ってください。

（1）親テーブルを作成する

まずは、次の SQL クエリを実行して、親テーブルを作成してみましょう。

Sample627
```
01  # 部署テーブル
02  CREATE TABLE dept(
03      id INT PRIMARY KEY,
04      name VARCHAR(10)
05  );
06
07  INSERT INTO dept VALUES (1, '営業部');
08  INSERT INTO dept VALUES (2, '総務部');
```

dept テーブルは、ある会社の部署一覧を表すテーブルで、次の表のような構造になっています。

● deptテーブルの情報

カラム名	内容
id	部署ID
name	部署名

ここで参照されるのが id カラムです。**参照される親テーブルのカラムは主キー制約を付けるというルールがあります**。

注意

外部キー制約で参照される親テーブルのカラムは、主キーにする必要があります。

SELECT 文でテーブルの内容を確認すると次のようになります。

Sample628
```
01  SELECT * FROM dept;
```

● 実行結果

```
+------+--------+
| id   | name   |
+------+--------+
|    1 | 営業部 |
|    2 | 総務部 |
+------+--------+
```

```
2 rows in set (0.00 sec)
```

営業部には 1、総務部には 2 という ID が付いています。

(2) 外部キー制約を持つ子テーブルを作る

次に、外部キー制約を持つ staff テーブルを作ります。社員の情報としては次のようなものが存在します。

● staffテーブルの情報

カラム名	内容
id	社員番号
name	名前
dept_id	部署ID

このうち、**dept_id カラムは dept テーブルの id カラムに該当します。そのため、外部結合でこの 2 つを関連付けることになります**。

最初に参照される staff テーブルを作成しましょう。

Sample629
```
01  # 社員テーブル
02  CREATE TABLE staff(
03    id INT,
04    name VARCHAR(30),
05    dept_id INT,
06    FOREIGN KEY(dept_id) REFERENCES dept(id)
07  );
```

外部キー制約は次のように記述されています。

● 外部キー制約の付与

```
FOREIGN KEY(dept_id) REFERENCES dept(id)
```

これは、dept_id カラムと dept テーブルの id カラムを外部キー制約で関連付けていることを意味しています。

テーブルの作成後に、次の SQL クエリを実行してデータを追加しましょう。

Sample630

```
01  INSERT INTO staff VALUES (1, '前田恵子', 1);
02  INSERT INTO staff VALUES (2, '高橋伸', 2);
03  INSERT INTO staff VALUES (3, '遠山満子', 2);
```

特に問題なくデータが追加されるはずです。

(3) 2つのテーブルを内部結合した情報を確認する

データの追加に成功したら、両テーブルを内部結合させてみましょう。

次のSQLクエリでは、staffテーブルとdeptテーブルを内部結合させ、社員番号、名前、所属を表示させています。

Sample631

```
01  SELECT
02    staff.id AS '社員番号',
03    staff.name AS '名前',
04    dept.name AS '所属'
05  FROM staff
06  INNER JOIN dept
07  ON staff.dept_id = dept.id;
```

● 実行結果

```
+----------+----------+--------+
| 社員番号 | 名前     | 所属   |
+----------+----------+--------+
|        1 | 前田恵子 | 営業部 |
|        2 | 高橋伸   | 総務部 |
|        3 | 遠山満子 | 総務部 |
+----------+----------+--------+
3 rows in set (0.00 sec)
```

staffテーブルのdept_idカラムとdeptテーブルのidカラムの関連付けにより、staffテーブルとdeptテーブルの内部結合の結果が表示されました。

- staffテーブルとdeptテーブルの関係性

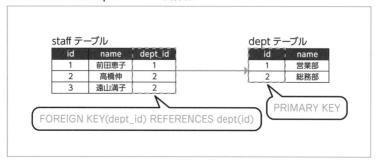

（4）staff テーブルに新しい社員情報を追加する

次に、staff 情報を新しく追加してみることにしましょう。以下の SQL クエリを実行してみてください。

Sample632
```
01  INSERT INTO staff VALUES (4, '後藤昭', 3);
```

すると、次のようにエラーが発生するはずです。

- 実行結果

```
ERROR 1452 (23000): Cannot add or update a child row: a foreign key
constraint fails (`dummy`.`staff`, CONSTRAINT `staff_ibfk_1` FOREIGN KEY
(`dept_id`) REFERENCES `dept` (`id`))
```

なぜエラーが発生したのでしょうか？

これは、staff テーブルの id カラムに外部キー制約があるためです。dept テーブルの id カラムの値は 1 と 2 しかありません。しかし、**ここでは「dept_id」に dept テーブルの id カラムには存在しない「3」という値を追加しようとしています。**

このように、**外部キー制約がある場合、親テーブルに存在しない値を追加しようとすると、エラーが発生するのです。**

注意　外部キー制約があるカラムに対して、親テーブルに存在しない値を追加しようとするとエラーが発生します。

- **参照先に存在しない値を含むデータを追加しようとした場合**

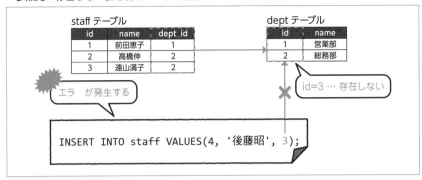

（5）外部キーを追加してから、staff テーブルに情報を追加する

エラーの原因は、dept テーブルに必要なデータが追加されていないことでした。そこで、次の SQL クエリを実行し、部署 ID が「3」の「経理部」を追加します。

Sample633

```
01 INSERT INTO dept VALUES (3, '経理部');
```

念のため、SELECT 文で追加されたことを確認しましょう。

Sample634

```
01 SELECT * FROM dept;
```

- **実行結果**

```
+----+--------+
| id | name   |
+----+--------+
|  1 | 営業部 |
|  2 | 総務部 |
|  3 | 経理部 |
+----+--------+
3 rows in set (0.00 sec)
```

実行結果から、経理部が追加されたことが確認できました。再び Sample632 の SQL クエリを実行してみましょう。

Sample632（再掲載）

```
01  INSERT INTO staff VALUES(4, '後藤昭', 3);
```

エラーが発生せずに、SQL クエリを実行できるはずです。

● staffテーブルの情報を更新した場合の追加処理

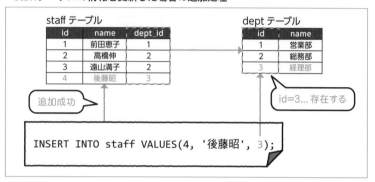

（6）追加結果を確認する

再び Sample631 の SQL クエリを実行してみましょう。

Sample631（再掲載）

```
01  SELECT
02    staff.id AS '社員番号',
03    staff.name AS '名前',
04    dept.name AS '所属'
05  FROM staff
06  INNER JOIN dept
07  ON staff.dept_id = dept.id;
```

● 実行結果

```
+----------+----------+--------+
| 社員番号 | 名前     | 所属   |
+----------+----------+--------+
|        1 | 前田恵子 | 営業部 |
|        2 | 高橋伸   | 総務部 |
|        3 | 遠山満子 | 総務部 |
|        4 | 後藤昭   | 経理部 |
+----------+----------+--------+
4 rows in set (0.00 sec)
```

データの追加が成功したことを確認できます。

◉制約を付ける理由

テーブルの結合などは外部キー制約がなくても行えるにもかかわらず、わざわざ外部キー制約を付ける理由は何なのでしょう?

1つの理由は、重複を防ぐことで、検索スピードを向上できる点にあります。これにより大量の検索がしやすくなります。そしてもう1つの理由は、この制約を付けることで、外部キーとして許容されない値の追加を許さないためです。

一見面倒なようですが、不必要なデータを追加されてデータを破壊されるリスクを減らすことができるというメリットがあります。外部キー制約に限らず、各種制約を使うことでルールから外れたデータの追加を防ぐことができます。そのため、**制約を設定することで、セキュリティの高いデータベースが構築できるのです**。

重要　各種制約を使うと、データベースのセキュリティを高めることができます。

● 制約以外の設定

テーブルには、制約のほかにさまざまな設定を追加することが可能です。ここでは、その中で特に重要な**デフォルト値の設定**と**オートインクリメント**の設定方法について説明します。

◉デフォルト値の設定

テーブルを定義するときに、カラムのデフォルト値を設定できます。SQL クエリでデータを追加するときに、デフォルト値が設定されているカラムに追加する値を記述しなかった場合、デフォルト値が追加されます。デフォルト値の設定方法は、カラムのデータ型によって異なります。

デフォルト値の設定には、DEFAULT 句を使います。カラムの定義時にデータ型に続けて、DEFAULT と初期値を記述します。

書式は次のようになります。

● DEFAULT句を使った書式
カラム名 型 DEFAULT 初期値

次の SQL クエリを実行してみてください。

Sample635
```
01  CREATE TABLE sample6(
02      col1 INT DEFAULT 10,
03      col2 VARCHAR(30) DEFAULT 'ななしさん',
04      col3 TIMESTAMP DEFAULT CURRENT_TIMESTAMP(),
05      col4 INT
06  );
```

sample6 テーブルの col1 カラム、col2 カラム、col3 カラムには、DEFAULT 句で初期値が設定されています。ただし、col4 カラムのみ初期値は設定されていません。

sample6 テーブルに、値を指定せずにデータを追加してみることにします。次のようにテーブル名のみを指定して、値を空にした SQL クエリを実行してみましょう。

Sample636
```
01  INSERT INTO sample6 VALUES ();
```

SELECT 文で sample6 テーブルを確認してみると、次のようになります。

● 追加されたテーブルの値
```
+------+------------+---------------------+------+
| col1 | col2       | col3                | col4 |
+------+------------+---------------------+------+
|   10 | ななしさん | 2021-02-26 13:52:53 | NULL |
+------+------------+---------------------+------+
1 row in set (0.00 sec)
```

col1 カラムと col2 カラムは、それぞれ DEFAULT で設定した値である「10」と「ななしさん」がそれぞれ追加されています。

col3 カラムの値は、実行した日時によって異なります。これは **CURRENT_TIMESTAMP** という関数の実行結果です。この関数は、SQL クエリが実行された時間のタイムスタンプを取得するもので、実行する時間によって結果が異なります。

> **重要**　CURRENT_TIMESTAMP 関数は、現在の日付・時刻を取得します。

ただ、col4 カラムの値は NULL になっています。これは、col4 カラムにはデフォルト値が設定されていないためです。

このように、SQL クエリに追加する値を記述しなかった場合、**DEFAULT 値が設定されていないカラムには、NULL が追加されます**。

◎ オートインクリメント

オートインクリメントは、一意の数値を生成する仕組みです。

テーブルを定義する際に、カラムに対して AUTO_INCREMENT を設定すると、データを追加するときに自動的に数値が入ります。数値は直前に追加した数値に 1 ずつ増やしていくため、値が一意であることを担保できます。

Sample637（主キーにオートインクリメントを設定）

```
01  CREATE TABLE sample7(
02      col1 INT AUTO_INCREMENT,
03      col2 TIMESTAMP DEFAULT CURRENT_TIMESTAMP(),
04      PRIMARY KEY(col1)
05  );
```

AUTO_INCREMENT を設定するカラムは、主キーかユニークキーである必要があります。**また、テーブル内で AUTO_INCREMENT を設定できるカラムは、1 つだけです。**

試しに、このテーブルを作成し、次の SQL クエリを何度か実行してみてください。

Sample638

```
01  INSERT INTO sample7 VALUES ();
```

すると、AUTO_INCREMENT を設定した col1 カラムには番号が自動で追加され、col2 カラムには SQL クエリ実行時のタイムスタンプが追加されます。

Sample639

```
01  SELECT * FROM sample7;
```

● INSERT INTO文を4回繰り返したときのsample7テーブルの状態

```
+------+---------------------+
| col1 | col2                |
+------+---------------------+
|    1 | 2021-02-26 14:12:33 |
|    2 | 2021-02-26 14:12:34 |
|    3 | 2021-02-26 14:12:43 |
|    4 | 2021-02-26 14:12:44 |
+------+---------------------+
4 rows in set (0.00 sec)
```

このように AUTO_INCREMENT を設定したカラムには、自動的に連番が追加されます。

1-4 データベースの実装

POINT

- 会社のデータベースを作成する
- 社員情報テーブルと関連するテーブルを作成する
- 作成したテーブルにデータを追加する

設計図をもとにデータベースを実装する

前置きが少し長くなりましたが、いよいよここからが本番です。

実際にデータベースおよびテーブルを作成したあとに、データを追加してデータベースを完成させます。次の手順どおりに作業を進めてください。

◉ データベースの作成

まずデータベースの作成からはじめましょう。今回は、company データベースを作成して、そこにテーブルを作ることにします。まずは、次の SQL クエリを実行してみましょう。

Sample640
```
01  # companyデータベースの作成
02  CREATE DATABASE company;
03
04  # デフォルトデータベースをcompanyデータベースに切り替える
05  USE company;
```

◉ テーブルを作成する順序

続いて、テーブルの作成とデータの追加を行います。このとき、大事なことは**外部キーを含むテーブルから先に作成していくことです。**

すでに学習したとおり、外部キー制約が入るテーブルは、**対応するテーブルとデータがないとエラーが発生するため、データを追加することができません。**

注意

外部キー制約があるテーブルを作成する前に、外部キーを含むテーブルから先に作成しましょう。

そのため、最初に sex テーブルを作成し、次に employee テーブルと qual テーブルを作成して、最後に emp_qual テーブルを作成します。

◉ sexテーブルの作成

次の SQL クエリを実行して、sex テーブルを作成しましょう。

Sample641
```
01  CREATE TABLE sex(
02      sex_id  INT PRIMARY KEY,
03      sex CHAR(2) NOT NULL
04  );
```

INSERT INTO 文でデータを追加します。次の SQL クエリを実行してデータを追加しましょう。

Sample642
```
01  INSERT INTO sex VALUES (1, '男性');
02  INSERT INTO sex VALUES (2, '女性');
```

INSERT INTO 文を実行後に、SELECT 文を実行してデータが正しく追加されたかどうかを確認しましょう。次のような状態が確認できます。

Sample643

```
01  SELECT * FROM sex;
```

- 実行結果（データを入れた状態のsexテーブル）

```
+--------+------+
| sex_id | sex  |
+--------+------+
|      1 | 男性 |
|      2 | 女性 |
+--------+------+
2 rows in set (0.00 sec)
```

◎ employeeテーブル

続いて、employee テーブルを作成します。

Sample644（employeeテーブルを作成）

```
01  CREATE TABLE employee(
02      id      INT PRIMARY KEY,
03      name    VARCHAR(30) NOT NULL,
04      age     INT NOT NULL,
05      sex_id  INT NOT NULL,
06      salary  INT DEFAULT 324000 NOT NULL,
07      FOREIGN KEY(sex_id) REFERENCES sex(sex_id)
08  );
```

すでに説明したとおり、外部キーとして、sex テーブルの sex_id カラムを参照しますので、外部キーに指定します（sex_id カラムが主キーであることによりこれが可能になります）。

続いて、このテーブルにデータを追加しましょう。

Sample645（employeeテーブルにデータを追加）

```
01  INSERT INTO employee VALUES (2030, '山田太郎', 30, 1, 324000);
02  INSERT INTO employee VALUES (2031, '佐藤幸一', 35, 1, 412000);
03  INSERT INTO employee VALUES (2032, '大峰聡子', 28, 2, 290000);
04  INSERT INTO employee VALUES (2033, '桜井直子', 43, 2, 452000);
```

SELECT 文で employee テーブルから全レコードを取得すると、次のような結果が得られます。

Sample646

```
01  SELECT * FROM employee;
```

● 実行結果（データを入れた状態のemployeeテーブル）

```
+------+----------+-----+--------+--------+
| id   | name     | age | sex_id | salary |
+------+----------+-----+--------+--------+
| 2030 | 山田太郎 | 30  |      1 | 324000 |
| 2031 | 佐藤幸一 | 35  |      1 | 412000 |
| 2032 | 大峰聡子 | 28  |      2 | 290000 |
| 2033 | 桜井直子 | 43  |      2 | 452000 |
+------+----------+-----+--------+--------+
4 rows in set (0.00 sec)
```

⦿ qualテーブル

続いて、資格情報を格納する qual テーブルを作成します。

Sample647（qualテーブルを作成）

```
01  CREATE TABLE qual(
02      qual_id INT AUTO_INCREMENT PRIMARY KEY,
03      qual    VARCHAR(20) NOT NULL
04  );
```

qual_id カラムは主キーとなり資格の種類を区別します。AUTO_INCREMENT が付いているので、資格名（qual）を追加すると、自動的に qual_id カラムに値が入ります。これを利用して、データを追加してみましょう。

Sample648（qualテーブルにデータを追加）

```
01  INSERT INTO qual (qual) VALUES ('普通自動車第1種免許');
02  INSERT INTO qual (qual) VALUES ('英語検定2級');
03  INSERT INTO qual (qual) VALUES ('英語検定1級');
04  INSERT INTO qual (qual) VALUES ('日商簿記2級');
05  INSERT INTO qual (qual) VALUES ('日商簿記1級');
06  INSERT INTO qual (qual) VALUES ('TOEIC（750以上）');
07  INSERT INTO qual (qual) VALUES ('中小企業診断士');
```

これにより、qual テーブルの内容は次のようになります。

Sample649

```
01  SELECT * FROM qual;
```

● 実行結果（データを入れた状態のqualテーブル）

```
+---------+--------------------+
| qual_id | qual               |
+---------+--------------------+
|       1 | 普通自動車第1種免許 |
|       2 | 英語検定2級         |
|       3 | 英語検定1級         |
|       4 | 日商簿記2級         |
|       5 | 日商簿記1級         |
|       6 | TOEIC（750以上）    |
|       7 | 中小企業診断士      |
+---------+--------------------+
7 rows in set (0.00 sec)
```

◎ emp_qualテーブル

最後に、社員の資格情報を記録する emp_qual テーブルを作成します。

Sample650 (emp_qual テーブルを作成)

```
01  CREATE TABLE emp_qual(
02      id      INT NOT NULL,
03      qual_id INT NOT NULL,
04      FOREIGN KEY(id) REFERENCES employee(id),
05      FOREIGN KEY(qual_id) REFERENCES qual(qual_id)
06  );
```

このテーブルは、2つの外部キーを持ちます。それぞれのキーは、employee テーブルと qual テーブルを参照しているため、**それぞれのテーブルがすでに存在する状態にしておく必要があります。**

続いて、emp_qual テーブルにデータを追加します。

Sample651 (emp_qual テーブルにデータを追加)

```
01  INSERT INTO emp_qual VALUES (2030, 1);
02  INSERT INTO emp_qual VALUES (2030, 5);
03  INSERT INTO emp_qual VALUES (2030, 7);
04  INSERT INTO emp_qual VALUES (2031, 5);
05  INSERT INTO emp_qual VALUES (2031, 6);
06  INSERT INTO emp_qual VALUES (2033, 7);
```

```
07  INSERT INTO emp_qual VALUES (2033, 1);
```

emp_qual テーブルは、次のような状態になります。以上でデータベースは完成しました！

Sample652
```
01  SELECT * FROM emp_qual;
```

● 実行結果（データを入れた状態のemp_qualテーブル）
```
01  +------+---------+
02  | id   | qual_id |
03  +------+---------+
04  | 2030 |       1 |
05  | 2030 |       5 |
06  | 2030 |       7 |
07  | 2031 |       5 |
08  | 2031 |       6 |
09  | 2033 |       7 |
10  | 2033 |       1 |
11  +------+---------+
12  7 rows in set (0.00 sec)
```

◉ 完成したテーブルでのデータ検索

最後に完成したテーブルをさまざまな方法で結合して、結果を見てみましょう。

まずは、社員番号、名前、性別、給与を取得してみます。

Sample653
```
01  SELECT id, name, age, sex, salary FROM employee
02  INNER JOIN sex USING (sex_id);
```

● 実行結果

```
+------+----------+-----+------+--------+
| id   | name     | age | sex  | salary |
+------+----------+-----+------+--------+
| 2030 | 山田太郎  |  30 | 男性 | 324000 |
| 2031 | 佐藤幸一  |  35 | 男性 | 412000 |
| 2032 | 大峰聡子  |  28 | 女性 | 290000 |
| 2033 | 桜井直子  |  43 | 女性 | 452000 |
+------+----------+-----+------+--------+
4 rows in set (0.00 sec)
```

6日目
オリジナルデータベースの構築

245

employee テーブルでは、性別を sex_id カラムに数値（1 か 2）で記録しているため、sex テーブルと内部結合したうえで、結果を表示しています。

続いて、中小企業診断士の資格を持つ社員の ID と名前を取得してみましょう。

Sample654

```
01  SELECT
02    id,
03    name
04  FROM employee
05  INNER JOIN emp_qual USING (id)
06  INNER JOIN qual USING (qual_id)
07  WHERE qual = '中小企業診断士';
```

● 実行結果

```
+------+----------+
| id   | name     |
+------+----------+
| 2030 | 山田太郎 |
| 2033 | 桜井直子 |
+------+----------+
2 rows in set (0.00 sec)
```

完成したテーブルを組み合わせて検索する方法は、このほかにもさまざまなケースが考えられます。いろいろ工夫してさまざまな情報を取得してみましょう。

2 練習問題

▶ 正解は 309 ページ

 問題 6-1 ★ ☆ ☆

(1) 主キー制約に関する説明で間違っているものを解答群の中から 1 つ選びなさい。

【解答群】

a：NULL を入れることができる

b：重複した値を入れることはできない

c：数値も文字列も主キーにすることができる

d：複数のカラムをまとめて主キーにすることができる

(2) 列に対する制約でデータの重複を許さないものを解答群の中から選びなさい。

【解答群】

a：NOT NULL   b：UNIQUE

c：PRIMARY_KEY   d：FOREIGN KEY

(3) DEFAULT 句に関する説明で間違っているものを解答群の中から 1 つ選びなさい。

【解答群】

a：カラムのデフォルト値を設定できる

b：デフォルト値として関数を指定することができる

c：タイムスタンプなど、時間を表す列には指定できない

d：デフォルト値に指定する値は、カラムのデータ型にあったものでなくてはならない

（4）外部キー制約に関する説明で間違っているものを解答群の中から1つ選びなさい。

【解答群】

a：参照される側のテーブルのカラムは主キーでなくてはならない

b：この制約を利用するためには最低でも2つのテーブルが必要となる

c：外部キー制約があるカラムに、参照している外部キーに存在しない値を入れることはできない

d：外部キー制約があるカラムにユニーク制約を付けることはできない

7日目

データの削除・更新／テーブルの構造変更

① データの削除・更新
② 練習問題

1 データの削除・更新

- コミット・ロールバックについて学習する
- データ更新・削除の方法について学習する
- セーブポイントについて学習する
- テーブルの構造を変更する方法について学習する

1-1 データの削除・更新

- トランザクションの概念を理解する
- データの削除の方法を学習する
- データの変更方法を学習する

● トランザクション

　すでに説明したとおり、データベースは使用者が命令文を実行することで、何かしらの処理を行います。6日目までは SQL クエリを1つずつ実行していましたが、<u>ト</u><u>ランザクション（transaction）</u>という仕組みを使うと複数処理がまるで1つの処理であるかのように扱うことができます。では、トランザクションはどういった場面で使うのでしょうか？

　銀行の入出金システムを例に考えてみましょう。A さんの口座から B さんの口座に、50 万円の振り込み（移動）を行います。このような場合は、A さんの口座残高を減らす処理、B さんの口座残高を増やす処理を連続して行う必要があります。トランザクションを利用せずに1つずつ処理を行うと、B さんの口座に対する処理が失敗した場合、問題が発生してしまいます。A さんの口座からは預金が減って、B さんの口座残高は変更なしの状態になると、お金が消えてしまったことになり、データに不整合が発生するからです。このような問題が発生しないように、トランザクションで処理

をまとめて実行し、確定させます。

　先の例でいえば、Aさんの口座に対する処理とBさんの口座に対する処理の両方が成功した場合に、それぞれの処理の内容を確定させます。

● トランザクション①（成功した場合）

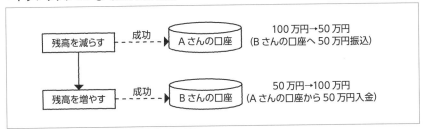

　もしトランザクション内の処理が失敗した場合、すべての処理を取り消すことになります。このため口座に対する変更は発生せず、データの整合性が保たれます。

● トランザクション②（失敗した場合）

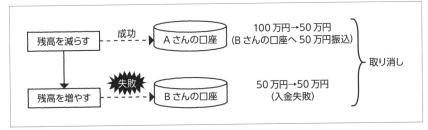

● コミットとロールバック

　データベースの使用者は、このトランザクションによって、大きく分けて2つの処理を行うことができます。1つが**コミット（COMMIT）**、そしてもう1つが**ロールバック（ROLLBACK）**です。

　処理を確定する場合にはコミットします。一方、データベースに対する変更処理をすべて取り消す場合、ロールバックを行います。**注意したいのは、コミットするとロールバックによる処理の取り消しを行うことができなくなる点です。**このため、処理の取り消しを行う場合は、コミットの前にロールバックを行う必要があります。

● コミットとロールバック

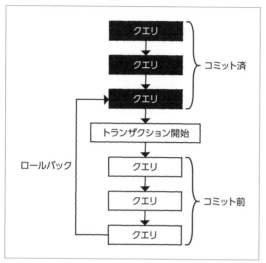

用語

コミット（COMMIT）
データベースへの処理を確定させる
ロールバック（ROLLBACK）
トランザクションの処理を取り消す

コミットとロールバックを行う文

2日目で説明したとおり、SQLのDCL（データ制御言語）には、COMMITとROLL BACKがあります（60ページ参照）。以下、それぞれのSQLクエリについて説明します。

◉ COMMIT

コミット処理にはCOMMIT文を利用します。これによりトランザクション内で実行した命令を確定させます。書式は以下のとおりです。

● COMMIT文

```
COMMIT;
```

◉ ROLLBACK

ロールバック処理には ROLLBACK 文を利用します。これによりコミットされていない命令の取り消しを行うことができます。

● ROLLBACK文

```
ROLLBACK;
```

では、実際にこれらを利用してみましょう。

◉ コミットモード

MySQL には、**コミットモード**と呼ばれるモードが存在します。また、コミットモードには**自動コミットモード**と**手動コミットモード**があります。

● コミットモード

モード	概要
自動コミットモード	実行したSQLクエリが自動的に確定される
手動コミットモード	手動コミットをしない限り実行したSQLクエリは確定されない

MySQL は自動コミットモードがデフォルトで有効になっています。つまり、何かしらの処理を行うと、すぐにその処理が確定されるため、ロールバックはできません。

自動コミットモードから手動コミットモードへ切り替える方法はいくつかあります。ここでは <u>START TRANSACTION</u> 文で、手動コミットモードに切り替えましょう。

● START TRANSACTION文

```
START TRANSACTION;
```

これを使用すると、そのトランザクションが **COMMIT または ROLLBACK で終了するまで、手動コミットモード**になります。

トランザクションが終了すると自動コミットモードに戻ります。

> START TRANSACTION を使うと、COMMIT か ROLLBACK をするまで手動コミットモードになります。

重要

データの削除・更新／テーブルの構造変更

なお、これらの処理の対象となるのは、データの追加・削除・更新処理です。データを追加する INSERT 文はすでに説明済みなので、この機会に削除を行う DELETE 文と、更新を行う UPDATE 文について説明します。

● レコードの削除

まずはレコードを削除する DELETE 文の使い方について説明します。

◎ DELETE文

DELETE 文を使った基本的な書式は次のとおりです。

● DELETE文の書式

```
DELETE FROM テーブル名 WHERE 条件;
```

この書式を使うことで、指定したテーブルにあるレコードを削除できます。**どのレコードを削除するかは WHERE 句を使って指定します**。WHERE 句の条件は、**SELECT 文を使う場合と同じです**。また、WHERE 句を省略すると、テーブル内の全レコードが削除されます。

◎ DELETE文を使用してみる

では実際に DELETE 文を使って、レコードの削除を行ってみましょう。

なお、これから行う操作は、既存のテーブルのデータを書き替えます。操作の間違いなどで掲載している実行結果と異なってしまった場合は、student テーブルを削除し、74 ページの Data201.sql（8 〜 18 行目の SQL クエリ）を実行しなおしてください。

（1）student テーブルの確認

まずは、school データベースの student テーブルを確認します。「USE school;」でschool データベースをデフォルトデータベースに変更し、次の SQL クエリで studentテーブルの全レコードを取得します。

Sample701

```
01 SELECT * FROM student;
```

● 実行結果

```
+------+----------+-------+
| id   | name     | grade |
+------+----------+-------+
| 1001 | 山田太郎  |     1 |
| 2001 | 太田隆    |     2 |
| 3001 | 林敦子    |     3 |
| 3002 | 市川次郎  |     3 |
+------+----------+-------+
4 rows in set (0.01 sec)
```

この時点では、4レコードあることが確認できます。

(2) START TRANSACTION を実行する

DELETE文を使用する前に、START TRANSACTIONで手動コミットモードに切り替えます。

Sample702
```
01 START TRANSACTION;
```

● 実行結果
```
Query OK, 0 rows affected (0.00 sec)
```

「Query OK」と表示されれば、手動コミットモードへの切り替えは成功です。

(3) grade カラムの値が1のレコードを削除する

手動コミットモードになったので、DELETE文を実行してみることにします。まずは grade カラムの値が1のレコードを削除してみましょう。次の SQL クエリを実行してみてください。

Sample703（DELETE文の実行例①）
```
01 DELETE FROM student WHERE grade = 1;
```

● 実行結果
```
Query OK, 1 row affected (0.00 sec)
```

「Query OK, 1 row affected」と表示されれば成功です。SELECT文で student テー

ブルを確認します。

Sample704

```
01 SELECT * FROM student;
```

● 実行結果

```
+------+----------+-------+
| id   | name     | grade |
+------+----------+-------+
| 2001 | 太田隆   |     2 |
| 3001 | 林敦子   |     3 |
| 3002 | 市川次郎 |     3 |
+------+----------+-------+
3 rows in set (0.00 sec)
```

　grade カラムの値が 1 のレコードが削除され、3 レコードになりました。

● gradeカラムの値が1のレコードを削除

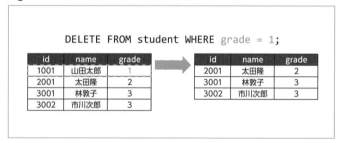

（4）id カラムの値が 3000 以上のレコードを削除する

　次は id カラムの値が 3000 以上のレコードを削除してみましょう。次の SQL クエリを実行してみてください。

Sample705（DELETE の実行例②）

```
01 DELETE FROM student WHERE id >= 3000;
```

● 実行結果

```
Query OK, 2 rows affected (0.00 sec)
```

「Query OK, 2 rows affected」と表示されれば成功です。SELECT文でstudentテーブルを確認してみましょう。

Sample706
```
01 SELECT * FROM student;
```

● 実行結果

```
+------+--------+-------+
| id   | name   | grade |
+------+--------+-------+
| 2001 | 太田隆 |     2 |
+------+--------+-------+
1 row in set (0.00 sec)
```

idカラムの値が3000以上の2レコードが削除されました。

● idカラムの値が3000以上のレコードを削除

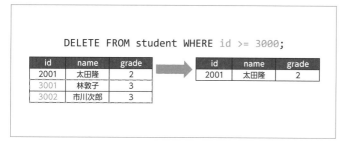

（5）テーブル内のすべてのデータを削除する

最後に、テーブルの全レコードを削除する方法を紹介します。全レコードを削除する場合、WHERE句を使った条件の指定は不要です。

次のSQLクエリを実行してみてください。

Sample707（DELETEの実行例③）
```
01 DELETE FROM student;
```

● 実行結果

```
Query OK, 1 row affected (0.00 sec)
```

「Query OK, 1 row affected」と表示されれば成功です。SELECT 文で student テーブルを確認してみましょう。

Sample708
```
01 SELECT * FROM student;
```

● 実行結果
```
Empty set (0.00 sec)
```

「Empty set」と表示されました。これは student テーブルにデータがないことを意味します。このことから、全レコードが削除されたことがわかります。

● studentテーブルの全レコードを削除;

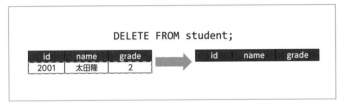

(6) ROLLBACK でデータをもとに戻す

最後に、ROLLBACK で（3）〜（5）の処理をなかったことにして、レコードをもとに戻しましょう。

Sample709
```
01 ROLLBACK;
```

● 実行結果
```
Query OK, 0 rows affected (0.00 sec)
```

「Query OK, 0 rows affected」と表示されれば成功です。SELECT 文を実行して結果を確認してみましょう。（1）の状態に戻ったことが確認できます。

Sample710
```
01 SELECT * FROM student;
```

• 実行結果

```
+------+----------+-------+
| id   | name     | grade |
+------+----------+-------+
| 1001 | 山田太郎  |     1 |
| 2001 | 太田隆    |     2 |
| 3001 | 林敦子    |     3 |
| 3002 | 市川次郎  |     3 |
+------+----------+-------+
4 rows in set (0.00 sec)
```

● データの更新

データの更新には **UPDATE** 文を利用します。ここでは UPDATE 文の使い方について説明します。

◎ UPDATE文

テーブルに格納されているデータを更新するには UPDATE 文を使います。基本の書式は次のとおりです。

• UPDATEの書式

```
UPDATE テーブル名 SET カラム名1 = 値1, カラム名2 = 値2, ... WHERE 条件;
```

この書式を使うことで、指定したテーブルのカラムの値を更新します。SET のあとに、更新したいカラム名と更新したい値を「=」でつなぎます。複数カラムを対象にしたい場合は「,」で区切ります。また、DELETE 文と同様に、WHERE 句で条件を付けることも可能です。

◎ UPDATE文を実際に使用してみる

では実際にさまざまなサンプルをとおして UPDATE 文の使い方を学習していきましょう。UPDATE 文も DELETE 文と同様に ROLLBACK で更新を取り消すことができるので、ここでもその方法を使って学習していきましょう。

（1） student テーブルの確認

student テーブルのデータを更新します。次の SQL クエリで、student テーブルを確認してください。

Sample711
```
01 SELECT * FROM student;
```

● 実行結果

```
+------+----------+-------+
| id   | name     | grade |
+------+----------+-------+
| 1001 | 山田太郎 |     1 |
| 2001 | 太田隆   |     2 |
| 3001 | 林敦子   |     3 |
| 3002 | 市川次郎 |     3 |
+------+----------+-------+
4 rows in set (0.01 sec)
```

最初に INSERT 文で追加したデータが入っていることが確認できます。

（2） START TRANSACTION を実行する

これから DELETE 文を使用するのに際し、START TRANSACTION を実行して、（1）に戻せるようにしましょう。

Sample712
```
01 START TRANSACTION;
```

● 実行結果

```
Query OK, 0 rows affected (0.00 sec)
```

「Query OK」と表示されれば準備完了です。

（3）id カラムの値が 1001 のレコードの name カラムの値を「山口太郎」に更新する

手始めに、次の SQL クエリを実行してみてください。

Sample713
```
01 UPDATE student SET name = '山口太郎' WHERE id = 1001;
```

● 実行結果

```
Query OK, 1 row affected (0.00 sec)
Rows matched: 1  Changed: 1  Warnings: 0
```

「Query OK, 1 row affected」と表示されれば処理は成功です。念のために SELECT 文で結果を確認してみましょう。

Sample714
```
01 SELECT * FROM student;
```

● 実行結果

```
+------+----------+-------+
| id   | name     | grade |
+------+----------+-------+
| 1001 | 山口太郎 |     1 |
| 2001 | 太田隆   |     2 |
| 3001 | 林敦子   |     3 |
| 3002 | 市川次郎 |     3 |
+------+----------+-------+
4 rows in set (0.00 sec)
```

「山田太郎」が「山口太郎」に更新されたことがわかります。

● 「山田太郎」が「山口太郎」に更新される

```
UPDATE student SET name = '山口太郎' WHERE id = 1001;
```

id	name	grade
1001	山田太郎	1
2001	太田隆	2
3001	林敦子	3
3002	市川次郎	3

id	name	grade
1001	山口太郎	1
2001	太田隆	2
3001	林敦子	3
3002	市川次郎	3

(4) 全レコードの name カラムの値を「学生」に、grade カラムの値を「0」に更新する

次の SQL クエリを実行して、全レコード name カラムの値を「学生」に、grade カラムの値を 0 に更新してみましょう。

Sample715
```
01 UPDATE student SET name = '学生', grade = 0;
```

● **実行結果**
```
Query OK, 4 rows affected (0.00 sec)
Rows matched: 4  Changed: 4  Warnings: 0
```

「Query OK, 4 rows affected」と表示されれば処理は成功です。念のために SELECT 文で結果を確認してみましょう。

Sample716
```
01 SELECT * FROM student;
```

● **実行結果**
```
+------+------+-------+
| id   | name | grade |
+------+------+-------+
| 1001 | 学生 |     0 |
| 2001 | 学生 |     0 |
| 3001 | 学生 |     0 |
| 3002 | 学生 |     0 |
+------+------+-------+
4 rows in set (0.00 sec)
```

実行結果からわかるとおり、全レコードの name カラムの値が「学生」に、grade カラムの値が「0」になっていることが確認できます。

WHERE 句をなしにすると、全レコードが更新対象になります。

• 全レコードのnameカラムとgradeカラムの値を更新

```
UPDATE student SET name = '学生', grade = 0;
```

id	name	grade
1001	山口太郎	1
2001	太田隆	2
3001	林敦子	3
3002	市川次郎	3

→

id	name	grade
1001	学生	0
2001	学生	0
3001	学生	0
3002	学生	0

（5）ROLLBACK でテーブルをもとに戻す

最後に ROLLBACK でテーブルを（1）の状態に戻します。

Sample717
```
01 ROLLBACK;
```

SELECT文で戻ったことを確認しましょう。

Sample718
```
01 SELECT * FROM student;
```

• 実行結果

```
+------+-----------+-------+
| id   | name      | grade |
+------+-----------+-------+
| 1001 | 山田太郎  |     1 |
| 2001 | 太田隆    |     2 |
| 3001 | 林敦子    |     3 |
| 3002 | 市川次郎  |     3 |
+------+-----------+-------+
4 rows in set (0.00 sec)
```

実行結果から、テーブルが（1）の状態に戻っていることがわかります。それと同時に手動コミットモードも終了します。

7日目 データの削除・更新／テーブルの構造変更

1-2 セーブポイント

- ROLLBACK の高度な使い方を学習する
- セーブポイントでポイントごとに保存できることを学習する

ROLLBACK の高度な使い方

DELETE 文と UPDATE 文の処理を ROLLBACK でもとに戻せることを学習したので、ここではさらに高度な使い方である**セーブポイント（SAVEPOINT）**について学習しましょう。

すでに説明したとおり、ROLLBACK は直前に行われた COMMIT の部分までテーブルの状態を戻します。しかし、セーブポイントを用いれば、この途中経過を保存することができるのです。

ここでは、実際にセーブポイントを用いてデータを追加する方法について学習します。

◉ SAVEPOINTの書式

セーブポイントを設定する書式は、次のとおりです。

- SAVEPOINTの書式

```
SAVEPOINT セーブポイント名;
```

設定したセーブポイントまで処理を戻すときは、ROLLBACK を使った次のような書式を使います。

- ROLLBACKの書式（SAVEPOINTまでの処理に戻す）

```
ROLLBACK TO SAVEPOINT セーブポイント名;
```

通常、ROLLBACK を行った場合、データに加えた変更はすべてリセットされますが、**セーブポイントを設定し、そこまで戻るようにすると、手動コミットモードを継続したままでセーブポイント以前の変更内容は保持されます。**

重要

セーブポイントを設定すると、データの変更処理をセーブポイントの位置まで戻すことができます。

◉ データを準備する

学習を行う前に、dummyデータベースに新しく sp_sample テーブルを作成しましょう。

次の Data701.sql から SQL クエリをコピー＆ペーストして、実行してください。

Data701.sql
```
01  # デフォルトデータベースをdummyテーブルに切り替える
02  USE dummy;
03
04  # sp_sampleテーブルを作成する
05  CREATE TABLE sp_sample(
06    num INT AUTO_INCREMENT PRIMARY KEY,
07    name VARCHAR(10),
08    age INT
09  );
10
11  # データを追加する
12  INSERT INTO sp_sample (name, age) VALUES ('近藤悟', 29);
13  INSERT INTO sp_sample (name, age) VALUES ('田辺貢', 31);
14  INSERT INTO sp_sample (name, age) VALUES ('大橋恵', 25);
```

実行後に作成したテーブルの内容を確認してみましょう。次のような結果を得ることができれば、準備は完了です。

Sample719
```
01  SELECT * FROM sp_sample;
```

• 実行結果

```
+-----+--------+------+
| num | name   | age  |
+-----+--------+------+
|   1 | 近藤悟 |   29 |
|   2 | 田辺貢 |   31 |
|   3 | 大橋恵 |   25 |
+-----+--------+------+
3 rows in set (0.00 sec)
```

7日目

データの削除・更新／テーブルの構造変更

◉ セーブポイントまで戻る

では実際の例をとおして、セーブポイントの使い方を学習してみましょう。手始めに「START TRANSACTION」で手動コミットモードに切り替えます。

Sample720
```
01  START TRANSACTION;
```

次のSQLクエリを順番に実行してください。まず、sp_sampleテーブルにデータを1レコード追加し、SPという名前のセーブポイントを設定して、再度sp_sampleテーブルにデータを1レコード追加します。

Sample721
```
01  # データを追加する
02  INSERT INTO sp_sample (name, age) VALUES ('伊藤紀子', 32);
03
04  # セーブポイントSPを設定する
05  SAVEPOINT SP;
06
07  # データを追加する
08  INSERT INTO sp_sample (name, age) VALUES ('三島修一', 32);
```

ポイントは5行目の「SAVEPOINT SP;」です。sp_sampleテーブルに2行目のデータを追加する処理と、8行目のデータを追加する処理の間にセーブポイントの設定がきています。

ここにセーブポイントが設定されることにより、ROLLBACKの処理で手動コミットモードのまま、この位置に戻ることができます。

この処理でデータが正しく追加されたかをSELECT文で確認してみましょう。

Sample722
```
01  SELECT * FROM sp_sample;
```

● 実行結果

```
+-----+----------+------+
| num | name     | age  |
+-----+----------+------+
|   1 | 近藤悟   |   29 |
|   2 | 田辺貢   |   31 |
|   3 | 大橋恵   |   25 |
|   4 | 伊藤紀子 |   32 |
```

```
|   5 | 三島修一 |   32 |
+-----+----------+------+
5 rows in set (0.00 sec)
```

　実行結果から、新しく 2 行のデータが追加されたことがわかります。

　では、セーブポイント SP まで処理を戻してみましょう。

Sample723
```
01  ROLLBACK TO SAVEPOINT SP;
```

　再び sp_sample テーブルの内容を確認してみましょう。

Sample724
```
01  SELECT * FROM sp_sample;
```

● **実行結果**
```
+-----+----------+------+
| num | name     | age  |
+-----+----------+------+
|   1 | 近藤悟   |   29 |
|   2 | 田辺貢   |   31 |
|   3 | 大橋恵   |   25 |
|   4 | 伊藤紀子 |   32 |
+-----+----------+------+
4 rows in set (0.00 sec)
```

　すると、Sample721 の 8 行目で追加したデータのみが削除されていることがわかります。

　なお、ROLLBACK を実行すると、Sample719 を実行したときの状態に戻ります。

Sample725
```
01  ROLLBACK;
```

　SELECT 文で確認すると、もとに戻っていることがわかります。

Sample726
```
01  SELECT * FROM sp_sample;
```

● 実行結果

```
+-----+--------+------+
| num | name   | age  |
+-----+--------+------+
|   1 | 近藤悟  |   29 |
|   2 | 田辺貢  |   31 |
|   3 | 大橋恵  |   25 |
+-----+--------+------+
3 rows in set (0.00 sec)
```

なお、**途中にセーブポイントがあったとしても、「ROLLBACK;」を実行すると、トランザクション開始時点の状態に戻り手動コミットモードが終了します。**

Sample721 を実行したあとに、ROLLBACK を行ってテーブルのデータを確認してみてください。

● セーブポイントとロールバック

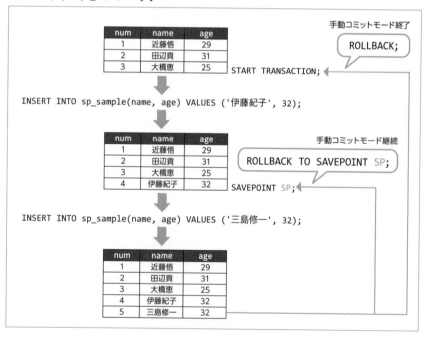

「COMMIT;」で処理を確定させるか、「ROLLBACK;」ですべての変更を戻すまでは、トランザクションが続くので、設定したセーブポイントへ自由に戻せます。

例題 7-1 ★ ★ ☆

デフォルトデータベースを dummy データベースに切り替えたうえで、次の SQL クエリを実行して cars テーブルを作成しなさい。

Data702.sql
```
01  CREATE TABLE cars(
02    id INT AUTO_INCREMENT PRIMARY KEY,
03    name VARCHAR(20) NOT NULL,
04    automaker VARCHAR(20) NOT NULL,
05    price INT NOT NULL
06  );
```

「START TRANSACTION;」を実行し、以下の問いに順に答えなさい。

(1) INESERT 文を使って次のデータをテーブルに追加しなさい。またデータを追加後、SELECT 文で正しく追加されたかどうかを確認しなさい。

● 追加データ①

name	automaker	price
ヤリス	トヨタ	265
ハリアー	トヨタ	300
フィット	ホンダ	200
N-ONE	ホンダ	200

(2) セーブポイント「SP1」を設定しなさい。

(3) INESERT 文を使って次のデータをテーブルに追加しなさい。またデータを追加後、SELECT 文で正しく追加されたかどうかを確認しなさい。

● 追加データ②

name	automaker	price
セレナ	ニッサン	200
ノート	ニッサン	250

(4) セーブポイント「SP2」を設定しなさい。

(5) name カラムの値が「セレナ」のレコードの価格（price）を 300 に更新しなさい。更新が成功したら、SELECT 文で正しく追加されたかを確認しなさい。

(6) セーブポイント「SP2」に戻り、name カラムの値が「セレナ」のレコードの価格（price）が 200 に戻っていることを確認しなさい。

(7) セーブポイント「SP1」に戻り、automaker カラムの値が「ニッサン」のレコードが削除されていることを確認しなさい。

(8) automaker カラムの値が「ホンダ」のレコードをすべて削除しなさい。

(9) 「COMMIT;」を実行し、変更を確定させなさい。

解答例と解説

（1）指定されたデータを追加するための SQL クエリは次のとおりです。

（1）のSQLクエリ
```
01  INSERT INTO cars (name, automaker, price)
02  VALUES ('ヤリス', 'トヨタ', 265);
03  INSERT INTO cars (name, automaker, price)
04  VALUES ('ハリアー', 'トヨタ', 300);
05  INSERT INTO cars (name, automaker, price)
06  VALUES ('フィット', 'ホンダ', 200);
07  INSERT INTO cars (name, automaker, price)
08  VALUES ('N-ONE', 'ホンダ', 200);
```

id カラムは AUTO_INCREMENT が設定されているため、**値を渡さなかった場合でも自動的に値が設定され、レコードが増えるたびに数値が増えていきます。**

（1）を確認するためのSQLクエリ
```
01  SELECT * FROM cars;
```

- （1）のSQLクエリでデータを追加したあとのcarsテーブル

```
+----+----------+-----------+-------+
| id | name     | automaker | price |
+----+----------+-----------+-------+
|  1 | ヤリス   | トヨタ    |   265 |
|  2 | ハリアー | トヨタ    |   300 |
|  3 | フィット | ホンダ    |   200 |
|  4 | N-ONE    | ホンダ    |   200 |
+----+----------+-----------+-------+
4 rows in set (0.00 sec)
```

（2）セーブポイント SP1 は次の SQL クエリで設定できます。

(2) のSQLクエリ
```
01  SAVEPOINT SP1;
```

● 実行結果

```
Query OK, 0 rows affected (0.00 sec)
```

（3）指定されたデータを追加するための SQL クエリは次のとおりです。

(3) のSQLクエリ
```
01  INSERT INTO cars(name, automaker, price)
02  VALUES('セレナ', 'ニッサン', 200);
03  INSERT INTO cars(name, automaker, price)
04  VALUES('ノート', 'ニッサン', 250);
```

(3) を確認するためのSQLクエリ
```
01  SELECT * FROM cars;
```

- （3）のSQLクエリでデータを追加したあとのcarsテーブル

```
+----+----------+-----------+-------+
| id | name     | automaker | price |
+----+----------+-----------+-------+
|  1 | ヤリス   | トヨタ    |   265 |
|  2 | ハリアー | トヨタ    |   300 |
|  3 | フィット | ホンダ    |   200 |
|  4 | N-ONE    | ホンダ    |   200 |
|  5 | セレナ   | ニッサン  |   200 |
```

```
|  6 | ノート    | ニッサン  |  250 |
+----+----------+----------+-------+
6 rows in set (0.00 sec)
```

（4）セーブポイント SP2 は次の SQL クエリで設定できます。

（4）のSQLクエリ
```
01  SAVEPOINT SP2;
```

（5）では、UPDATE 文を使います。WHERE 句で name カラムの値がセレナである
レコードを指定し、SET 句で price カラムの値に 300 を設定します。

（5）のSQLクエリ
```
01  UPDATE cars SET price = 300 WHERE name = 'セレナ';
```

● **実行結果**
```
Query OK, 1 row affected (0.00 sec)
Rows matched: 1  Changed: 1  Warnings: 0
```

データを更新できたか確認してみましょう。

（5）を確認するためのSQLクエリ
```
01  SELECT * FROM cars;
```

● **（5）のSQLクエリでデータを更新したあとのcarsテーブル**

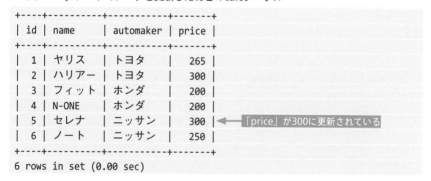

```
+----+----------+----------+-------+
| id | name     | automaker | price |
+----+----------+----------+-------+
|  1 | ヤリス   | トヨタ    |  265 |
|  2 | ハリアー | トヨタ    |  300 |
|  3 | フィット | ホンダ    |  200 |
|  4 | N-ONE    | ホンダ    |  200 |
|  5 | セレナ   | ニッサン  |  300 |  ← 「price」が300に更新されている
|  6 | ノート   | ニッサン  |  250 |
+----+----------+----------+-------+
6 rows in set (0.00 sec)
```

該当するレコードの price カラムの値が 300 に更新されていることがわかります。

（6）セーブポイント「SP2」に戻すときは、ROLLBACK 文を使います。

（6）のSQLクエリ
```
01  ROLLBACK TO SAVEPOINT SP2;
```

　念のために内容を確認してみましょう。

（6）を確認するためのSQLクエリ
```
01  SELECT * FROM cars;
```

● **実行結果**

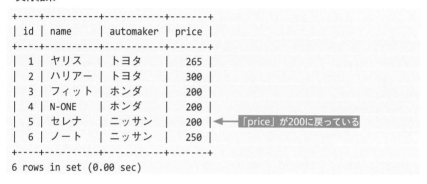

```
+----+----------+------------+-------+
| id | name     | automaker  | price |
+----+----------+------------+-------+
|  1 | ヤリス    | トヨタ      |   265 |
|  2 | ハリアー  | トヨタ      |   300 |
|  3 | フィット  | ホンダ      |   200 |
|  4 | N-ONE    | ホンダ      |   200 |
|  5 | セレナ    | ニッサン    |   200 |  ◀── 「price」が200に戻っている
|  6 | ノート    | ニッサン    |   250 |
+----+----------+------------+-------+
6 rows in set (0.00 sec)
```

　price カラムの値がセーブポイント「SP2」を設定した時点の 200 に戻っていることがわかります。

　（7）セーブポイント「SP1」に戻すための SQL クエリは次のとおりです。

（7）のSQLクエリ
```
01  ROLLBACK TO SAVEPOINT SP1;
```

　念のために内容を確認してみましょう。

（7）を確認するためのSQLクエリ
```
01  SELECT * FROM cars;
```

● 実行結果

```
+----+----------+-----------+-------+
| id | name     | automaker | price |
+----+----------+-----------+-------+
|  1 | ヤリス    | トヨタ     |   265 |
|  2 | ハリアー  | トヨタ     |   300 |
|  3 | フィット  | ホンダ     |   200 |
|  4 | N-ONE    | ホンダ     |   200 |
+----+----------+-----------+-------+
4 rows in set (0.00 sec)
```

　automaker カラムが「ニッサン」のデータがなくなっており、セーブポイント「SP1」を設定した時点に戻っていることがわかります。

　(8) データの削除には DELETE 文を使います。

(8) のSQLクエリ

```
01  DELETE FROM cars WHERE automaker = 'ホンダ';
```

　念のためにテーブルを確認してみましょう。

(8) を確認するためのSQLクエリ

```
01  SELECT * FROM cars;
```

● 実行結果

```
+----+----------+-----------+-------+
| id | name     | automaker | price |
+----+----------+-----------+-------+
|  1 | ヤリス    | トヨタ     |   265 |
|  2 | ハリアー  | トヨタ     |   300 |
+----+----------+-----------+-------+
2 rows in set (0.00 sec)
```

　automaker カラムが「ホンダ」のレコードが消えていることが確認できます。

（9）コミットを実行します。

（9）のSQLクエリ
```
01  COMMIT;
```

　トランザクションが終了し、変更内容が確定されます。確定後のテーブルを確認してみましょう。

（9）を確認するためのSQLクエリ
```
01  SELECT * FROM cars;
```

● 実行結果
```
+----+----------+-----------+-------+
| id | name     | automaker | price |
+----+----------+-----------+-------+
|  1 | ヤリス   | トヨタ    |   265 |
|  2 | ハリアー | トヨタ    |   300 |
+----+----------+-----------+-------+
2 rows in set (0.00 sec)
```

　試しに「ROLLBACK;」を実行してから、再びSELECT文で内容を確認してみてください。テーブルの内容が変化しないため、処理が確定したことが確認できます。

● ROLLBACKをしても元に戻らないことを確認
```
mysql> ROLLBACK;          ←──── 再びROLLBACKを実行
Query OK, 0 rows affected (0.00 sec)

mysql> SELECT * FROM cars;  ←── SELECTで中身を確認
+----+----------+-----------+-------+
| id | name     | automaker | price |
+----+----------+-----------+-------+
|  1 | ヤリス   | トヨタ    |   265 |
|  2 | ハリアー | トヨタ    |   300 |
+----+----------+-----------+-------+
2 rows in set (0.00 sec)
```

1-3 テーブルの構造変更

POINT

- テーブルの名前を変更する
- テーブルのカラムの名前や型を変更する
- テーブルにカラムを追加・削除する

テーブルの構造を変更する

ここまではテーブル内に追加されたデータを変更する方法について説明してきました。ここからは、テーブルの構造（定義）に対してさまざまな変更を施す方法について説明します。

ALTER TABLE

2日目では、テーブルを作成する CREATE TABLE、テーブルを削除する DROP TABLE の使い方を説明しました。これらはいずれも DDL（データ定義言語）と呼ばれる種類の命令です。ここではもう1つの DDL である <u>ALTER TABLE</u> について説明します。<u>すでに作成済みのテーブルにカラムを追加するのが、この ALTER TABLE 文です</u>。また、カラムの追加以外にもテーブル名の変更、カラムの設定変更、カラムの削除ができます。

◉ データの準備

dummy データベースに student テーブルを作成し、このテーブルを操作してみることにします。

Data703.sql から SQL クエリをコピー＆ペーストして、データベースの切り替え、テーブルの作成、データの追加を行いましょう。

- Data703.sql

```
01  # デフォルトデータベースをdummyテーブルに切り替える
02  USE dummy;
```

```
03
04  # studentテーブルを作成する
05  CREATE TABLE student(
06      id      int PRIMARY KEY,
07      name    varchar(128),
08      grade   int
09  );
10
11  # データを追加する
12  INSERT INTO student (id, name, grade) VALUES (1001, '山田太郎', 1);
13  INSERT INTO student (id, name, grade) VALUES (2001, '太田隆', 2);
14  INSERT INTO student (id, name, grade) VALUES (3001, '林敦子', 3);
15  INSERT INTO student (id, name, grade) VALUES (3002, '市川次郎', 3);
```

まず存在するテーブルの一覧を表示してみましょう。

Sample727
```
01  SHOW TABLES;
```

• 実行結果

```
+------------------+
| Tables_in_dummy  |
+------------------+
| cars             |
| dept             |
| sample1          |
| sample2          |
| sample3          |
| sample4          |
| sample5          |
| sample6          |
| sample7          |
| sp_sample        |
| staff            |
| student          |  ◀── studentテーブルが作成されている
+------------------+
12 rows in set (0.00 sec)
```

student テーブルが作成されていることを確認できます。

さらに SELECT 文でデータが正しく追加されたかどうかを確認しましょう。

7日目
データの削除・更新／テーブルの構造変更

Sample728

```
01 SELECT * FROM student;
```

● 実行結果

```
+------+----------+-------+
| id   | name     | grade |
+------+----------+-------+
| 1001 | 山田太郎 |     1 |
| 2001 | 太田隆   |     2 |
| 3001 | 林敦子   |     3 |
| 3002 | 市川次郎 |     3 |
+------+----------+-------+
4 rows in set (0.00 sec)
```

◎ カラムの定義を確認する

これからカラムの定義を変更するにあたり、正しく変更されたかどうかを確認する必要があります。そのために、**SHOW COLUMNS** 文を使います。

● SHOW COLUMNS文の書式

```
SHOW COLUMNS FROM テーブル名;
```

カラムの定義を確認したいテーブル名を FROM のあとに続けて書きます。
実際に、次の SQL クエリで student テーブルのカラムの定義を確認してみましょう。

Sample729

```
01 SHOW COLUMNS FROM student;
```

● 実行結果

```
+-------+--------------+------+-----+---------+-------+
| Field | Type         | Null | Key | Default | Extra |
+-------+--------------+------+-----+---------+-------+
| id    | int(11)      | NO   | PRI | NULL    |       |
| name  | varchar(128) | YES  |     | NULL    |       |
| grade | int(11)      | YES  |     | NULL    |       |
+-------+--------------+------+-----+---------+-------+
3 rows in set (0.00 sec)
```

実行結果を見ると「Field」列にカラム名が表示され、その横にそのカラムに関する

情報が表示されています。これを参考にして、ALTER TABLE 文によるテーブルの構造変更について学習をしていくことにしましょう。

◉ テーブル名の変更

まずは、テーブル名を変更する方法を説明します。ALTER TABLE 文でテーブル名の変更処理を行う場合は、次のような書式になります。

● テーブル名を変更する書式

```
ALTER TABLE 旧テーブル名 RENAME TO 新テーブル名;
```

では実際に、これを利用したサンプルを実行してみましょう。

Sample730
```
01 ALTER TABLE student RENAME TO student_list;
```

● 実行結果
```
Query OK, 0 rows affected (0.01 sec)
```

「Query OK, 0 rows affected」と表示されれば成功です。処理が成功したかどうかを、テーブル一覧を表示することで確認してみましょう。

Sample731
```
01 SHOW TABLES;
```

● 実行結果
```
+-----------------+
| Tables_in_dummy |
+-----------------+
| cars            |
| dept            |
| sample1         |
| sample2         |
| sample3         |
| sample4         |
| sample5         |
| sample6         |
| sample7         |
| sp_sample       |
```

```
| staff           |
| student_list    |  ←──  studentがstudent_listになっている
+-----------------+
12 rows in set (0.00 sec)
```

　念のために student_list テーブルのカラムの定義を確認してみましょう。

Sample732
```
01  SHOW COLUMNS FROM student_list;
```

● 実行結果
```
+-------+--------------+------+-----+---------+-------+
| Field | Type         | Null | Key | Default | Extra |
+-------+--------------+------+-----+---------+-------+
| id    | int(11)      | NO   | PRI | NULL    |       |
| name  | varchar(128) | YES  |     | NULL    |       |
| grade | int(11)      | YES  |     | NULL    |       |
+-------+--------------+------+-----+---------+-------+
3 rows in set (0.00 sec)
```

　カラムの定義はそのままになっていることがわかります。さらに、データを確認してみることにしましょう。

Sample733
```
01  SELECT * FROM student_list;
```

● 実行結果
```
+------+----------+-------+
| id   | name     | grade |
+------+----------+-------+
| 1001 | 山田太郎 |     1 |
| 2001 | 太田隆   |     2 |
| 3001 | 林敦子   |     3 |
| 3002 | 市川次郎 |     3 |
+------+----------+-------+
4 rows in set (0.00 sec)
```

　実行結果からわかるとおり、データの内容もそのままです。

カラムの追加

続いて、テーブルにカラムを追加する方法を説明します。ALTER TABLE 文で、カラムを追加する書式は次のようになります。

● ALTER TABLEでカラムを追加する書式

ALTER TABLE テーブル名 ADD カラム名 データ型 制約 オプション;

ADD のあとに、追加するカラム定義を指定します。データ型や制約は、CREATE TABLE の場合と一緒です。

デフォルトでは追加したカラムは**テーブルの最後に追加されます**。

重要　「ALTER TABLE ADD」で追加したカラムは、通常はテーブルの最後に追加されます。

なお「ALTER TABLE ADD」のあとに、オプションとして <u>FIRST と付けるとカラムの最初に、AFTER と付けて、カラム名を指定すると指定したカラムのあとに新しいカラムが追加されます</u>。

重要　「ALTER TABLE ADD」に「FIRST」と付けると、カラムの最初に新しいカラムを追加できます。また「AFTER カラム名」と指定すると、指定したカラムのあとに新しいカラムを追加できます。

◉ デフォルトの位置に新しいカラムを追加する

では実際に、次の SQL クエリを実行して、student_list テーブルに address カラムを追加してみましょう。

Sample734（カラムの追加のサンプル①）

```
01  ALTER TABLE student_list ADD address varchar(20);
```

● 実行結果

```
Query OK, 0 rows affected (0.06 sec)
Records: 0  Duplicates: 0  Warnings: 0
```

追加したカラムの定義を確認しましょう。

Sample735
```
01  SHOW COLUMNS FROM student_list;
```

● 実行結果
```
+---------+--------------+------+-----+---------+-------+
| Field   | Type         | Null | Key | Default | Extra |
+---------+--------------+------+-----+---------+-------+
| id      | int(11)      | NO   | PRI | NULL    |       |
| name    | varchar(128) | YES  |     | NULL    |       |
| grade   | int(11)      | YES  |     | NULL    |       |
| address | varchar(20)  | YES  |     | NULL    |       |  ◀── 追加したカラム
+---------+--------------+------+-----+---------+-------+
4 rows in set (0.00 sec)
```

テーブルの最後に address カラムが追加されていることが確認できます。テーブルの内容も確認しましょう。

Sample736
```
01  SELECT * FROM student_list;
```

● 実行結果
```
+------+----------+-------+---------+
| id   | name     | grade | address |
+------+----------+-------+---------+
| 1001 | 山田太郎 |     1 | NULL    |
| 2001 | 太田隆   |     2 | NULL    |
| 3001 | 林敦子   |     3 | NULL    |
| 3002 | 市川次郎 |     3 | NULL    |
+------+----------+-------+---------+
4 rows in set (0.00 sec)
```

新しく追加したカラムには、NULL が入っていることがわかります。このように、**新しく追加したカラムには、DEFAULT で値を指定しない限り NULL が自動的に入ります。**

◉ 先頭にカラムを追加する

続いて、FIRST を利用したサンプルを実行してみましょう。

Sample737（カラムの追加のサンプル②）
```
01 ALTER TABLE student_list ADD age int FIRST;
```

● 実行結果
```
Query OK, 0 rows affected (0.06 sec)
Records: 0  Duplicates: 0  Warnings: 0
```

これにより、student_list テーブルの先頭のカラムに age（年齢）カラムを追加します。

追加したら、再びテーブルの構造を確認してみましょう。

Sample738
```
01 SHOW COLUMNS FROM student_list;
```

● 実行結果
```
+---------+--------------+------+-----+---------+-------+
| Field   | Type         | Null | Key | Default | Extra |
+---------+--------------+------+-----+---------+-------+
| age     | int(11)      | YES  |     | NULL    |       |  ← 追加したカラム
| id      | int(11)      | NO   | PRI | NULL    |       |
| name    | varchar(128) | YES  |     | NULL    |       |
| grade   | int(11)      | YES  |     | NULL    |       |
| address | varchar(20)  | YES  |     | NULL    |       |
+---------+--------------+------+-----+---------+-------+
5 rows in set (0.00 sec)
```

先頭に age カラムが追加されていることが確認できます。テーブルの内容を確認してみましょう。

Sample739
```
01 SELECT * FROM student_list;
```

7日目

データの削除・更新／テーブルの構造変更

• 実行結果

```
+------+------+-----------+-------+---------+
| age  | id   | name      | grade | address |
+------+------+-----------+-------+---------+
| NULL | 1001 | 山田太郎   |     1 | NULL    |
| NULL | 2001 | 太田隆     |     2 | NULL    |
| NULL | 3001 | 林敦子     |     3 | NULL    |
| NULL | 3002 | 市川次郎   |     3 | NULL    |
+------+------+-----------+-------+---------+
4 rows in set (0.00 sec)
```

先頭に age カラムが追加され、値が NULL になっていることを確認できます。

◎ 位置を指定してカラムを追加する

ALTER TABLE 文で位置を指定してカラムを追加してみましょう。次の SQL クエリ を実行すると、name カラムのあとに新しく sex カラムが追加されます。

Sample740 （カラムの追加のサンプル③）
```
01  ALTER TABLE student_list ADD sex VARCHAR(2) AFTER name;
```

• 実行結果

```
Query OK, 0 rows affected (0.06 sec)
Records: 0  Duplicates: 0  Warnings: 0
```

これにより、student_list テーブルの name カラムのあとに sex カラムを追加します。 カラムの定義を確認してみることにしましょう。

Sample741
```
01  SHOW COLUMNS FROM student_list;
```

• 実行結果

```
+--------+--------------+------+-----+---------+-------+
| Field  | Type         | Null | Key | Default | Extra |
+--------+--------------+------+-----+---------+-------+
| age    | int(11)      | YES  |     | NULL    |       |
| id     | int(11)      | NO   | PRI | NULL    |       |
| name   | varchar(128) | YES  |     | NULL    |       |
| sex    | varchar(2)   | YES  |     | NULL    |       |  ←─── 追加したカラム
```

```
| grade   | int(11)     | YES  |     | NULL    |       |
| address | varchar(20) | YES  |     | NULL    |       |
+---------+-------------+------+-----+---------+-------+
6 rows in set (0.00 sec)
```

実行結果を見ると、指定した name カラムのあとに sex カラムが追加されていることがわかります。SELECT 文でデータも確認してみることにしましょう。

Sample742
```
01  SELECT * FROM student_list;
```

• 実行結果

```
+------+------+-----------+------+-------+---------+
| age  | id   | name      | sex  | grade | address |
+------+------+-----------+------+-------+---------+
| NULL | 1001 | 山田太郎   | NULL |     1 | NULL    |
| NULL | 2001 | 太田隆     | NULL |     2 | NULL    |
| NULL | 3001 | 林敦子     | NULL |     3 | NULL    |
| NULL | 3002 | 市川次郎   | NULL |     3 | NULL    |
+------+------+-----------+------+-------+---------+
4 rows in set (0.00 sec)
```

sex カラムが追加され、NULL が入っていることがわかります。

カラムの定義の変更

ALTER TABLE 文を使って、既存テーブルのカラム名や型を変更することが可能です。変更の方法は2つあり、CHANGE 句を使う方法と MODIFY 句を使う方法があります。

⊚ CHANGE句を使った定義変更
CHANGE 句を使った場合、カラム名およびデータ型、制約が変わります。
基本的な書式は、次のとおりになります。

• カラムの変更の書式①（CHANGE句の場合）
```
ALTER TABLE テーブル名 CHANGE 旧カラム名 新カラム名 データ型 制約;
```

複数のカラムの定義を変更したい場合は、「旧カラム名 1 新カラム名 1 データ型 制約 , 旧カラム名 2 新カラム名 2 データ型 制約」という書式で、カラムの定義を「,」で区切って書きます。

◎ MODIFY句を使った定義変更

カラムの名前を変えずに<u>データ型と制約だけを変更したい場合は、MODIFY 句を利用します</u>。

書式は以下のとおりです。

● カラムの変更の書式②（MODIFY句の場合）

```
ALTER TABLE テーブル名 MODIFY カラム名 データ型 制約;
```

複数のカラムを「,」で区切って書ける点は、CHANGE 句の場合と一緒です。

◎ カラム名の変更

カラム名の変更を行ってみましょう。次の SQL クエリを実行してみてください。

Sample743（カラムの変更サンプル①）

```
01  ALTER TABLE student_list
02  CHANGE name student_name VARCHAR(32) NOT NULL;
```

● 実行結果

```
Query OK, 4 rows affected (0.05 sec)
Records: 4  Duplicates: 0  Warnings: 0
```

カラム名が変更されたか確認してみましょう。

Sample744

```
01  SHOW COLUMNS FROM student_list;
```

● 実行結果

```
+---------------+-------------+------+-----+---------+-------+
| Field         | Type        | Null | Key | Default | Extra |
+---------------+-------------+------+-----+---------+-------+
| age           | int(11)     | YES  |     | NULL    |       |
| id            | int(11)     | NO   | PRI | NULL    |       |
```

```
| student_name | varchar(32) | NO   |     | NULL    |       |  ◀── 変更
| sex          | varchar(2)  | YES  |     | NULL    |       |
| grade        | int(11)     | YES  |     | NULL    |       |
| address      | varchar(20) | YES  |     | NULL    |       |
+--------------+-------------+------+-----+---------+-------+
6 rows in set (0.00 sec)
```

　実行結果から「varchar(128)」だった「name」カラムが、「varchar(32)」の「student_name」カラムに変わっていることがわかります。

◎ 型・制約の変更

　続いて、MODIFY句を使った例を見てみましょう。

Sample745（カラムの変更サンプル③）
```
01 ALTER TABLE student_list MODIFY grade INT NOT NULL;
```

● 実行結果
```
Query OK, 0 rows affected (0.01 sec)
Records: 0  Duplicates: 0  Warnings: 0
```

　これにより、gradeカラムにNOT NULL制約が付きます。

Sample746
```
01 SHOW COLUMNS FROM student_list;
```

● 実行結果

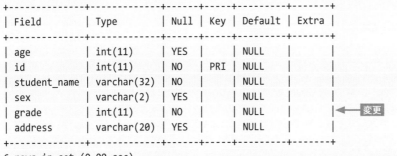

```
+--------------+-------------+------+-----+---------+-------+
| Field        | Type        | Null | Key | Default | Extra |
+--------------+-------------+------+-----+---------+-------+
| age          | int(11)     | YES  |     | NULL    |       |
| id           | int(11)     | NO   | PRI | NULL    |       |
| student_name | varchar(32) | NO   |     | NULL    |       |
| sex          | varchar(2)  | YES  |     | NULL    |       |
| grade        | int(11)     | NO   |     | NULL    |       |  ◀── 変更
| address      | varchar(20) | YES  |     | NULL    |       |
+--------------+-------------+------+-----+---------+-------+
6 rows in set (0.00 sec)
```

grade カラムの「Null」が「NO」になっています。これにより、grade カラムに NOT NULL 制約が付いたことがわかります。

● カラムの削除

最後に、ALTER TABLE 文でカラムを削除する方法を紹介します。カラムの削除を行う書式は以下のとおりです。

● カラムを削除する書式

```
ALTER TABLE テーブル名 DROP カラム名;
```

では実際に、カラムの削除を行ってみましょう。以下の SQL クエリを実行すると、id カラムが削除されます。

Sample747
```
01 ALTER TABLE student_list DROP id;
```

● 実行結果

```
Query OK, 4 rows affected (0.05 sec)
Records: 4  Duplicates: 0  Warnings: 0
```

実行結果を確認してみましょう。

Sample748
```
01 SHOW COLUMNS FROM student_list;
```

● 実行結果

```
+--------------+-------------+------+-----+---------+-------+
| Field        | Type        | Null | Key | Default | Extra |
+--------------+-------------+------+-----+---------+-------+
| age          | int(11)     | YES  |     | NULL    |       |
| student_name | varchar(32) | NO   |     | NULL    |       |
| sex          | varchar(2)  | YES  |     | NULL    |       |
| grade        | int(11)     | NO   |     | NULL    |       |
| address      | varchar(20) | YES  |     | NULL    |       |
+--------------+-------------+------+-----+---------+-------+
5 rows in set (0.00 sec)
```

見ると、id カラムが削除されていることがわかります。

カラムを削除した際、**もともとそこにあったデータもすべて消去されるので、注意しましょう。**

試しに SELECT 文で確認してみましょう。

Sample749
```
01 SELECT * FROM student_list;
```

● 実行結果
```
+------+--------------+------+-------+---------+
| age  | student_name | sex  | grade | address |
+------+--------------+------+-------+---------+
| NULL | 山田太郎      | NULL |     1 | NULL    |
| NULL | 太田隆        | NULL |     2 | NULL    |
| NULL | 林敦子        | NULL |     3 | NULL    |
| NULL | 市川次郎      | NULL |     3 | NULL    |
+------+--------------+------+-------+---------+
4 rows in set (0.00 sec)
```

実行結果からわかるとおり、id カラムが削除されています。

注意

ALTER TABLE 文でテーブルの構造に変更を加えた場合、ROLLBACK でもとに戻すことができません。慎重に処理しましょう。

2 練習問題

 ▶ 正解は 310 ページ

練習問題をはじめるにあたり、デフォルトデータベースを dummy データベースにし、次の SQL クエリを実行しなさい。

• Data704.sql

```
01  CREATE TABLE foods(
02      id         INT AUTO_INCREMENT PRIMARY KEY,
03      food_name  VARCHAR(20),
04      price      INT  NOT NULL,
05      number     INT NOT NULL
06  );
07
08  INSERT INTO foods (food_name, price, number)
09  VALUES('カレーライス', 700, 240);
10  INSERT INTO foods (food_name, price, number)
11  VALUES('ラーメン', 800, 300);
12  INSERT INTO foods (food_name, price, number)
13  VALUES('とんかつ定食', 900, 50);
14  INSERT INTO foods (food_name, price, number)
15  VALUES('牛丼', 640, 300);
```

SQLクエリの実行が成功すると、foodsテーブルの全レコードは次の状態になります。

• 完成したテーブルのデータ

```
+----+--------------+-------+--------+
| id | food_name    | price | number |
+----+--------------+-------+--------+
|  1 | カレーライス  |   700 |    240 |
|  2 | ラーメン      |   800 |    300 |
|  3 | とんかつ定食  |   900 |     50 |
```

```
| 4 | 牛丼          |  640 |   300 |
+----+--------------+-------+--------+
4 rows in set (0.00 sec)
```

以上を踏まえて、以降の問いに答えなさい。

 問題 7-1 ★ ☆ ☆

次の処理を行う SQL クエリを作成しなさい。

(1) food_name カラムの値が「カレーライス」のレコードの number カラムの値を「200」に更新しなさい。
(2) number カラムの値が「50」のレコードの food_name カラムの値を「焼肉定食」、price カラムの値を「700」に更新しなさい。
(3) id カラムの値が「4」のレコードを削除しなさい。

 問題 7-2 ★ ☆ ☆

次の処理を行う SQL クエリを作成しなさい。

(1) foods テーブルのテーブル名を「food_list」に変更しなさい。
(2) (1) の変更後、food_name カラムの名前を「name」に変更しなさい。

MEMO

練習問題の解答

1日目
MySQLとは何か

📄 ▶ 1日目の問題の解答です。

1-1 問題 1-1

(1) d　　(2) a　　(3) c　　(4) b

　これらはMySQLを学習する際に頻出する用語なので、しっかりと覚えておきましょう。

1-2 問題 1-2

(1) b　　(2) a　　(3) c

(1) **クエリ（query）** は、データベースへの命令のことです。
(2) **CRUD** は、Create（生成）、Read（読み取り）、Update（更新）、Delete（削除）
　　の4つのキーワードの頭文字を取ったものです。
(3) **LAMP** とは Linux（OS）、Apache（Webサーバ）、MySQL（データベース）、
　　PHP・Perl・Python（プログラミング言語）の頭文字を取ったものです。

2 2日目 MySQLの基本操作

 ● 2日目の問題の解答です。

2-1 問題 2-1

(1) a　　(2) e　　(3) c　　(4) d　　(5) b

　MySQLでよく使う命令文ですので、それぞれの違いを理解しておきましょう。

2-2 問題 2-2

（1）INSERT INTO
（2）SELECT

　これらは基本となる重要なクエリです。MySQLの操作の学習をはじめるに際し、しっかりと覚えておきましょう。

解答①
```
01  SELECT name, grade, id FROM student;
```

解答②
```
01  SELECT name, grade, id FROM school.student;
```

　期待される実行結果では、name、grade、id のカラム順になっています。そのため、SELECT のあとに「,」で区切ってこれらのカラム名を記述します。FROM のあとに対象のテーブルを指定しますが、デフォルトデータベースが school データベースの場合のみ、解答①の SQL クエリを実行できます。

　解答②の場合には、「データベース名 . テーブル名」となっているので、デフォルトデータベースが何であっても関係なく実行できます。

3日目　SELECT文

● 3日目の問題の解答です。

3-1 問題 3-1

解答
```
01  SELECT
02    name AS '名前',
03    grade AS '学年',
04    id AS '学生番号'
05  FROM student;
```

　カラムは name、grade、id の順で並んでいますが、それぞれエイリアスを使って「名前」「学年」「学生番号」の順で取得します。

3-2 問題 3-2

(1) の解答
```
01  SELECT 5 - 2 * 3;
```

● 実行結果

```
+-----------+
| 5 - 2 * 3 |
+-----------+
|        -1 |
+-----------+
1 row in set (0.00 sec)
```

(2) の解答

```
01  SELECT (5 - 2) * 3;
```

● 実行結果

```
+-------------+
| (5 - 2) * 3 |
+-------------+
|           9 |
+-------------+
1 row in set (0.00 sec)
```

(3) の解答

```
01  SELECT 15 DIV 4;
```

● 実行結果

```
+----------+
| 15 DIV 4 |
+----------+
|        3 |
+----------+
1 row in set (0.00 sec)
```

(4) の解答

```
01  SELECT 15 / 4;
```

● 実行結果

```
+--------+
| 15 / 4 |
+--------+
| 3.7500 |
+--------+
1 row in set (0.00 sec)
```

(5) の解答

```
01  SELECT 15 MOD 4;
```

● 実行結果

```
+----------+
| 15 MOD 4 |
+----------+
|        3 |
+----------+
1 row in set (0.00 sec)
```

　掛け算の演算子は * （アスタリスク）を使います。整数の割り算は DIV、余りの計

算は MOD を用います。小数点以下まで計算する割り算には / （スラッシュ）を使います。

問題 3-3

（1）の解答
```
01  SELECT * FROM student WHERE grade = 3;
```

● 実行結果
```
+------+----------+-------+
| id   | name     | grade |
+------+----------+-------+
| 3001 | 林敦子   |     3 |
| 3002 | 市川次郎 |     3 |
+------+----------+-------+
2 rows in set (0.00 sec)
```

（2）の解答
```
01  SELECT name FROM student WHERE name LIKE '%郎';
```

● 実行結果
```
+----------+
| name     |
+----------+
| 山田太郎 |
| 市川次郎 |
+----------+
2 rows in set (0.00 sec)
```

　grade カラムが 3 のレコードは「WHERE grade = 3」で検索できます。「郎」で終わる名前は「% 郎」で表現しています。

3-4 問題 3-4

(1) の解答

```
01 SELECT * FROM resource WHERE price >= 2000 AND price <= 5000;
```

● 実行結果

```
+--------+----------------+-------+-------+
| code   | name           | class | price |
+--------+----------------+-------+-------+
| 100001 | 英語テキスト     | text  |  2500 |
| 100002 | 数学テキスト     | text  |  2700 |
| 100003 | 国語テキスト     | text  |  3000 |
| 100101 | 英語DVD         | mdvd  |  3000 |
| 100102 | 数学学習ソフト   | sftw  |  4900 |
| 100202 | 英語問題集       | pbbk  |  2500 |
| 100203 | 数学問題集       | pbbk  |  2800 |
+--------+----------------+-------+-------+
7 rows in set (0.00 sec)
```

「BETWEEN A AND B」は「A 以上かつ B 以下」という意味になります。

(2) の解答

```
01 SELECT * FROM resource WHERE price < 2000 OR price > 5000;
```

● 実行結果

```
+--------+----------------+-------+-------+
| code   | name           | class | price |
+--------+----------------+-------+-------+
| 100103 | 英語学習ソフト   | sftw  |  5400 |
| 100201 | 国語副読本       | sbtx  |  1200 |
| 100C01 | 英語辞書         | dict  |  8200 |
+--------+----------------+-------+-------+
3 rows in set (0.00 sec)
```

「NOT BETWEEN A AND B」は「BETWEEN A AND B」の否定であり、「A 未満もし
くは B より大きい」という意味になります。

（3）の解答

```
01 SELECT * FROM student WHERE grade = 1 OR grade = 2;
```

● 実行結果

```
+------+----------+-------+
| id   | name     | grade |
+------+----------+-------+
| 1001 | 山田太郎  |     1 |
| 2001 | 太田隆    |     2 |
+------+----------+-------+
2 rows in set (0.00 sec)
```

「WHERE X IN (A, B)」は「X が A もしくは B」という意味になります。

（4）の解答

```
01 SELECT * FROM student WHERE grade <> 1 AND grade <> 2;
```

● 実行結果

```
+------+----------+-------+
| id   | name     | grade |
+------+----------+-------+
| 3001 | 林敦子    |     3 |
| 3002 | 市川次郎  |     3 |
+------+----------+-------+
2 rows in set (0.00 sec)
```

「NOT WHERE X IN (A, B)」は「WHERE X IN (A, B)」の否定であり、「X は A ではなく、B でもない」という意味になります。

4日目 並べ替えと集約／テーブルの結合①

▶ 4日目の問題の解答です。

4-1 問題 4-1

解答①

```
01  SELECT
02    id AS '学生番号',
03    name AS '名前',
04    grade AS '学年',
05    english AS '英語',
06    math AS '数学',
07    science AS '理科'
08  FROM student
09  INNER JOIN score USING (id);
```

解答②

```
01  SELECT
02    student.id AS '学生番号',
03    name AS '名前',
04    grade AS '学年',
05    english AS '英語',
06    math AS '数学',
07    science AS '理科'
08  FROM student
09  INNER JOIN score
10  WHERE student.id = score.id;
```

　　内部結合（INNER JOIN）の方法としては、USING句を使う方法（解答①）と
WHERE句を使う方法（解答②）があります。どちらの方法でも構いませんが、
WHERE句を使う場合、idカラムがcoreテーブルとstudentテーブルのどちらにも存

在するため、ON 句であえて「student.id」といったように「テーブル名 .id」という
書式にしないとエラーが発生してしまいます。

 **問題 4-2**

解答①
```
01  SELECT
02    english AS '英語',
03    name AS '名前',
04    id AS '学生番号',
05    grade AS '学年'
06  FROM student INNER JOIN score USING (id)
07  ORDER BY english DESC;
```

解答②
```
01  SELECT
02    english AS '英語',
03    name AS '名前',
04    student.id AS '学生番号',
05    grade AS '学年'
06  FROM student INNER JOIN score
07  ON student.id = score.id
08  ORDER BY english DESC;
```

　問題 4-1 のカラムの順番を入れ替え、最後に英語の点数の並び順を降順にするため
の「ORDER BY english DESC」を追加すれば完成です。

解答①

```
01  SELECT
02    grade AS '学年',
03    AVG(english) AS '英語の平均点',
04    AVG(math) AS '数学の平均点',
05    AVG(science) AS '数学の平均点'
06  FROM student INNER JOIN score USING (id)
07  GROUP BY grade
08  ORDER BY grade;
```

解答②

```
01  SELECT
02    grade AS '学年',
03    AVG(english) AS '英語の平均点',
04    AVG(math) AS '数学の平均点',
05    AVG(science) AS '数学の平均点'
06  FROM student INNER JOIN score
07  ON student.id = score.id
08  GROUP BY grade
09  ORDER BY grade;
```

　各教科の平均値を求めるには AVG 関数を使います。学年ごとにグループ化するので「GROUP BY grade」とし、さらに昇順で並べ替えるために「ORDER BY grade」を追加します。

　昇順に並べ替えるためには「ORDER BY grade ASC」としますが、「ASC」は省略することが可能です。

解答①

```
01  SELECT
02    class_name.name AS 'カテゴリ名',
03    COUNT(class_name.name) AS '商品数'
04  FROM resource
05  INNER JOIN class_name USING (class)
06  GROUP BY class_name.name
07  HAVING COUNT(class_name.name) >= 2
08  ORDER BY '商品数' DESC;
```

解答②

```
01  SELECT
02    class_name.name AS 'カテゴリ名',
03    COUNT(class_name.name) AS '商品数'
04  FROM resource INNER JOIN class_name
05  ON resource.class = class_name.class
06  GROUP BY class_name.name
07  HAVING COUNT(class_name.name) >= 2
08  ORDER BY '商品数' DESC;
```

　2 つのテーブルは class カラムで内部結合をしたのち、「class_name.name」でグループ化します。気を付けなくてはならないのが、name カラムが resource テーブルにもある点です。さらに、商品のカウントは COUNT 関数を利用しています。これは HAVING 句で条件の記述にも使われています。最後に「ORDER BY ' 商品数 ' DESC」で商品数で降順に並べ替えます。この場合、並べ替えに使うカラムは COUNT 関数で値を求めているため、エイリアスで指定されたカラム名「商品数」を利用します。

5 5日目 テーブルの結合②／サブクエリ

5日目の問題の解答です。

5-1 問題 5-1

解答
```
01 SELECT * FROM resource RIGHT OUTER JOIN class_name USING (class);
```

実行結果を見ると、class カラムが先頭になっていることから、USING 句によって結合されていることがわかります。

さらに先頭の「class」を除くと左側が class_name テーブルの値であり、右側が resource テーブルの値であることがわかります。

そのうえ「class」が「comp」のレコードが resource テーブルないため NULL になっていることから、右外部結合であることがわかります。

5-2 問題 5-2

解答
```
01 SELECT
02   IFNULL(code,'--') AS '商品コード',
03   IFNULL(resource.name,'該当なし') AS '商品名',
04   class_name.name AS 'カテゴリ',
05   IFNULL(price,'--') AS '値段'
06 FROM resource
07 RIGHT OUTER JOIN class_name USING (class);
```

カラムは、code、resource.name、class_name.name price の順に並べ、それぞれ

エイリアスで別名を付けます。NULL に該当する部分は別の値に変わっているため、IFNULL 関数を使って NULL を別の値に置き替える処理を追加します。

⑤-3 問題 5-3

解答
```
01  SELECT
02    name AS 'カテゴリ'
03  FROM class_name
04  WHERE class = ANY(
05    SELECT class FROM resource
06    WHERE price >= 4000
07    GROUP BY class
08  );
```

以下の手順で SQL クエリを作成します。

まずは price カラムの値が 5000 以上のレコードを対象として、class カラムの一覧を取得します。

副問い合わせの原型①
```
01  SELECT class FROM resource WHERE price >= 4000;
```

● **実行結果**
```
+-------+
| class |
+-------+
| sftw  |
| sftw  |
| dict  |
+-------+
3 rows in set (0.00 sec)
```

「sftw」が 2 つあります。class カラムの値が sftw かつ、price カラムの値が 4000 以上のレコードが複数あるのでこのような結果になります。

そのため、次のようにグループ化をして重複を回避します。

副問い合わせの原型②

```
01  SELECT class FROM resource WHERE price >= 4000 GROUP BY class;
```

● 実行結果

```
+-------+
| class |
+-------+
| dict  |
| sftw  |
+-------+
2 rows in set (0.00 sec)
```

　以上で副問い合わせの部分が完成しました。候補となるクラスは複数あるので、
ANY 句で接続すれば完成です。

6日目　オリジナル
データベースの構築

6日目の問題の解答です。

6-1 問題 6-1

(1) a　　(2) b、c　　(3) c　　(4) d

(1) 主キー制約があるカラムには NULL 値を挿入することはできず、重複した値の挿
　　入もできません。数値も文字列も主キーにすることができます。複数のカラム
　　をまとめて**複合主キー**として主キーにはできます。
(2) 主キー制約およびユニーク制約は、値の重複を許しません。NOT NULL 制約
　　は NULL を許容しないということを示すだけで、重複とは関係ありません。
　　FOREIGN KEY は外部キー制約のことで、参照先は主キー制約である必要があり
　　ます。外部キーが付いたカラム自体は重複があっても問題ありません。
(3) 関数をデフォルト値とすることもできるため、カレントタイムスタンプを取得
　　する関数を使えます。
(4) 外部キー制約があるカラムに、ユニーク制約を付けなければならないというルー
　　ルはありません。

7日目　データの削除・更新／テーブルの構造変更

📄　◉　7日目の問題の解答です。

問題 7-1

(1) の解答
```
01 UPDATE foods SET number = 200 WHERE food_name = 'カレーライス';
```

テーブルの既存のデータを更新するには UPDATE を使い、条件は WHERE 句で付けます。

(2) の解答
```
01 UPDATE foods SET food_name = '焼肉定食', price=700 WHERE number = 50;
```

UPDATE で複数の値を更新するときは「food_name=' 焼肉定食 ', price=700」のように間を「,」で区切ります。

(3) の解答
```
01 DELETE FROM foods WHERE id = 4;
```

DELETE FROM で、レコードを削除します。また WHERE 句で削除するレコードの条件を記述します。
（1）～（3）の処理を実行すると、foods テーブルの内容は次のようになります。

- 実行結果

```
+----+--------------+-------+--------+
| id | food_name    | price | number |
+----+--------------+-------+--------+
|  1 | カレーライス   |   700 |    200 |
|  2 | ラーメン      |   800 |    300 |
|  3 | 焼肉定食      |   700 |     50 |
+----+--------------+-------+--------+
3 rows in set (0.00 sec)
```

7-2 問題 7-2

(1) の解答

```
01  ALTER TABLE foods RENAME TO food_list;
```

　テーブル名の変更は「ALTER TABLE 旧テーブル名 RENAME TO 新テーブル名 ;」で行います。

(2) の解答

```
01  ALTER TABLE food_list CHANGE COLUMN food_name name VARCHAR(20);
```

　「ALTER TABLE テーブル名 CHANGE COLUMN」でカラム名を変更することができます。カラム名だけではなく、型やデフォルト値、制約の指定もする必要があります。
　以上の処理を終えて「SHOW COLUMNS FROM food_list;」を実行すると、名前が変わったことが確認できます。

- 変更後のテーブルの構造

```
+--------+-------------+------+-----+---------+----------------+
| Field  | Type        | Null | Key | Default | Extra          |
+--------+-------------+------+-----+---------+----------------+
| id     | int(11)     | NO   | PRI | NULL    | auto_increment |
| name   | varchar(20) | YES  |     | NULL    |                |
| price  | int(11)     | NO   |     | NULL    |                |
| number | int(11)     | NO   |     | NULL    |                |
+--------+-------------+------+-----+---------+----------------+
4 rows in set (0.00 sec)
```

あとがき

　今まで私は、プログラミングの入門書ばかりを書いてきましたが、今回はデータベースである「MySQL」の入門書となり、いつもとは少し趣向が違うので、ぜひ、読者の皆様のご感想をお伺いできればと思います。

　「学習を始める前に」でも書きましたが、本書は「頭を使って何かを考えたりするのが好きな、知的好奇心が強い一般の人」にも読んでもらえるように、心を砕いて執筆したつもりです。最後まで読み終えた方なら、なんだかパズルを解いていくような面白さを感じていただけたのではないでしょうか。

　この手の入門書は、通常であれば学生や若手の技術者など、どちらかというと「専門家」をターゲットにしたものが多いわけですが、「人生100年」の時代となった今、現役を退き、ゆったりと知的なエンターテイメントを楽しみたいのだけれども、数独やクロスワードパズルにも飽きてしまったし、もう少しパンチの効いた「遊び」をしたい……という方にもぴったりだと思います。

　私個人もそういう方を何人か存じ上げており、「パソコンを使って、この人たちにどのような娯楽を提供できるだろうか」と考えていたので、そういう方々にも満足いただけたのなら幸いです。

　もちろん、技術者を志す学生や、駆け出しの技術者の方々が、データベースについて学ぶ「最初の1歩」になっていれば、とても嬉しく思います。MySQLやデータベースの入門書は数多くありますが、「どこから手を付けていいかわからない」という方の救いになっていれば、なお嬉しいです。

　私が執筆した『1週間で○○の基礎が学べる本』のシリーズは、本書で早くも5冊目になりました。今まで書いてきたこのシリーズの中で、本書を執筆した期間は、公私ともに、ダントツで多難な時期でした。その筆頭が、コロナ禍による自粛生活だったわけですが、前作の『1週間でC++の基礎が学べる本』を執筆していた2020年の後半ごろ、「来年にはコロナはおさまるだろう」と思っていたものがなかなか終息せず、それどころかよりひどい状況になっており、私だけではないでしょうけれども、それに伴うストレスは相当なものでした。

　不幸中の幸いは、本書が刊行されたころには、無事コロナに感染することなく2回のワクチン接種を終えて、何とかコロナから逃げきれそうな感じですが、そこまでに至る間に起った面倒ごとは、数も多く、厄介なものばかりでした。

　具体例を挙げると、大きな仕事の案件を進めている最中に、急遽、取引先の担当者がコロナに感染して入院してしまい、あやうく仕事がとん挫しそうになる。買ったばかりの新車で事故に巻き込まれる。事故で怪我こそなかったものの、その車の修理が終わって、やっと工場から戻ってきたと思ったら、今度はショッピングモールで駐車している間にナンバープレートを何者かによって破損させられる。さらに、右腕に正体不明の腫瘍ができてしまい、それを切除するための入院と手術、後遺症による腕のしびれとの闘いなど、これらはあくまでも氷山の一角で、紙面の都合があって書けないものも含めると、膨大な量の「不快」の嵐に同時並行で襲われ、その対応にきりきり舞いでした。

　経験がある方ならわかると思いますが、交通事故の後処理も、病気やケガによる入院・手術も、どちらか一方だけでも相当なストレスです。それがほぼ同時に襲ってきたので、たまったものではありませんでした。

　何とか書き終えた今だから言えるのですが、本書を執筆している間は、1日中、そのことばかりが気にかかり、ストレスのために一時期は急激に血圧が上がったり、不眠で悩まされたりして、自分では頑張っているつもりでもなかなか執筆がうまくいかず、内心では「本当に仕上がるのだろうか…」と思っていた次第です。

　……と、なんだか愚痴っぽくなってしまいましたが、そんな中でも何とか本書を仕上げることができたのは、編集長の玉巻様、担当編集の畑中様、編集プロダクションであるリブロワークスの大津様、内形様をはじめとして、多くの方のご助力、ご助言の賜物であると考えており、この場を借りてお礼を申し上げたいと思います。

　ただ、もっとも感謝しなくてはならないのは、過去の4作を購入してくださった読者の皆様に対してでしょう。5冊目を執筆できたのは、ひとえに今、過去作をご購入してくださった読者の皆様のおかげであると、心より感謝しております。

　願わくは、本書もまた過去の作品を愛読していただいた読者の皆様によって同様にご愛顧いただき、さらに6冊目につながっていけたら幸いです。

2021年8月　亀田　健司

索引

著者プロフィール

亀田健司（かめだ・けんじ）

大学院修了後、家電メーカーの研究所に勤務し、その後に独立。現在は
シフトシステム代表取締役として、AIおよびIoT関連を中心としたコン
サルティング業務をこなすかたわら、プログラミング研修の講師や教材
の作成などを行っている。
同時にプログラミングを誰でも気軽に学べる「一週間で学べるシリーズ」
のサイトを運営。初心者が楽しみながらプログラミングを学習できる環
境を作るための活動をしている。

■一週間で学べるシリーズ
https://sevendays-study.com/

スタッフリスト

編集	内形 文（株式会社リブロワークス）
	畑中 二四
校正協力	小宮 雄介
表紙デザイン	阿部 修（G-Co.inc.）
表紙イラスト	神林 美生
表紙制作	鈴木 薫
本文デザイン・DTP	株式会社リブロワークス デザイン室
編集長	玉巻 秀雄

■商品に関する問い合わせ先

このたびは弊社商品をご購入いただきありがとうございます。本書の内容などに関するお問い合わせは、下記のURLまたはQRコードにある問い合わせフォームからお送りください。

https://book.impress.co.jp/info/

上記フォームがご利用頂けない場合のメールでの問い合わせ先
info@impress.co.jp

※お問い合わせの際は、書名、ISBN、お名前、お電話番号、メールアドレス に加えて、「該当するページ」と「具体的なご質問内容」「お使いの動作環境」を必ずご明記ください。なお、本書の範囲を超えるご質問にはお答えできないのでご了承ください。

● 電話やFAX でのご質問には対応しておりません。また、封書でのお問い合わせは回答までに日数をいただく場合があります。あらかじめご了承ください。
● インプレスブックスの本書情報ページ https://book.impress.co.jp/books/1120101175 では、本書のサポート情報や正誤表・訂正情報などを提供しています。あわせてご確認ください。
● 本書の奥付に記載されている初版発行日から3 年が経過した場合、もしくは本書で紹介している製品やサービスについて提供会社によるサポートが終了した場合はご質問にお答えできない場合があります。

■落丁・乱丁本などの問い合わせ先
TEL 03-6837-5016　FAX 03-6837-5023
service@impress.co.jp
(受付時間／10:00～12:00, 13:00～17:30土日祝祭日を除く)
※古書店で購入された商品はお取り替えできません

■書店／販売会社からのご注文窓口
株式会社インプレス 受注センター
TEL 048-449-8040
FAX 048-449-8041

1 週間で MySQL の基礎が学べる本

2021 年 9 月 11 日　初版発行

著　者　亀田 健司

発行人　小川 亨

編集人　高橋 隆志

発行所　株式会社インプレス
　　　　〒 101-0051 東京都千代田区神田神保町一丁目 105 番地
　　　　ホームページ　https://book.impress.co.jp/

印刷所　日経印刷株式会社

ISBN978-4-295-01255-9　C3055

Printed in Japan